职业学校教学用书（通信技术专业）

通信技术基础
（第3版）

刘　松　主　编
袁贵民　钱国梁　副主编

U0216618

电子工业出版社
Publishing House of Electronics Industry
北京·BEIJING

内 容 简 介

全书共 6 章，内容包括绪论、数字通信系统、光纤通信、程控交换与软交换技术、移动通信技术、三网融合。每章讨论一个课题，并以典型案例为载体阐述各种通信系统的应用。本教材充分考虑了中职学生的特点，从物理概念和实际出发，以通信工程中典型案例为载体，结合现网实际，用通俗语言讲授通信的基本概念和基本知识。同时，还考虑了新技术、新知识的发展和应用，形象地阐述了 3G、软交换及三网融合的概念，并从工程的角度介绍了通信工程规范和技能，激发学生兴趣。

为方便教学，本书配有电子教学参考资料包，详见前言。

图书在版编目（CIP）数据

通信技术基础/刘松主编. —3 版. —北京：电子工业出版社，2011.12

职业学校教学用书·通信技术专业

ISBN 978-7-121-15468-3

Ⅰ. ①通…　Ⅱ. ①刘…　Ⅲ. ①通信技术 – 中等专业学校 – 教材　Ⅳ. ①TN91

中国版本图书馆 CIP 数据核字（2011）第 259287 号

策划编辑：张　帆

责任编辑：张　帆　　特约编辑：王　纲

印　　刷：北京七彩京通数码快印有限公司

装　　订：北京七彩京通数码快印有限公司

出版发行：电子工业出版社

　　　　　北京市海淀区万寿路 173 信箱　邮编 100036

开　　本：787×1 092　1/16　印张：7.5　字数：192 千字

版　　次：2001 年 1 月第 1 版

　　　　　2011 年 12 月第 3 版

印　　次：2021 年 6 月第 12 次印刷

定　　价：13.20 元

前　言

《通信技术基础》教材于 2001 年 1 月首次印刷出版，2007 年 6 月第二次印刷出版。随着信息技术的迅猛发展，各种新技术日新月异，层出不穷。电子邮件、浏览网页、在线电影等数据通信已经深入社会生活的各个领域；互联网已经成为现代社会最重要的信息基础设施之一，成为语音、数据、视频等统一业务承载的网络；3G 和 WiFi/WiMax 技术的应用使得人们的手机更加智能、计算机可以"移动"上网；以软交换为核心的 NGN 技术，能够提供语音、视频、数据等多媒体综合业务；自动交换光网络（ASON）的引入，成了光通信发展史的里程碑。目前，国家高度重视职业教育发展。《国家中长期教育改革和发展规划纲要(2010－2020 年)》进一步明确了新时期职业教育工作的方针政策，提出了以提高质量为重点大力发展职业教育、调动行业企业的积极性、加快发展面向农村的职业教育和增强职业教育吸引力四项重大任务。全国职业教育正处于由规模扩张向全面提高质量的转折期。《通信技术基础》教材已不适应我国目前的中职教育发展形势，非常有必要对该教材进行修订。

本书（第 3 版）在编写方式上注重学生实践能力的培养，力求用较通俗的语言和直观的方法讲清楚通信的基本概念、系统的组成。对于不可避开的数学公式，不进行推导，用物理概念进行解释；在原有基础上增加了现网设备的介绍。同时，为了适应技术的发展，增加了软交换技术及三网融合技术的介绍；还配以相应的电子教案、习题参考答案和课件。

本书的显著特点是，在讲解中力求做到科学性与通俗性的有机结合。为了帮助读者建立一个完整的通信系统概念，修订后的教材共 6 章，内容包括通信的基本概念、模拟与数字信号的传输和光纤通信、程控交换与软交换技术、移动通信技术、三网融合。

本书以各种通信系统为主线，每章介绍一个通信系统，各章相对独立；而第 3 章、第 4 章、第 5 章、第 6 章又以第 1 章、第 2 章为基础，因此，各章又相互联系。

其中第 1 章、第 2 章由天津电子信息职业技术学院刘松教授编写，第 3 章、第 4 章、第 6 章由天津电子信息职业技术学院钱国梁编写，第 5 章由天津电子信息职业技术学院袁贵民副教授编写，全书由刘松统稿。本书参考了国内外出版的有关通信方面许多作者的著作，在此一并表示衷心的感谢。

本书的参考学时数约为 70 学时，适用于中等专业学校的应用电子技术类专业；本书也可作为通信专业工程技术人员的参考书。

由于作者水平有限，时间仓促，书中难免有一些不妥和错误之处，敬请读者批评指正。

为了方便教师教学，本书还配有电子教学参考资料包，请有此需要的教师登录华信教育资源网（http://www.hxedu.com.cn）免费注册后再进行下载，遇到问题时请在网站留言或与电子工业出版社联系（E-mail:hxedu@phei.com.cn）。

编　者

2011－10－20

目　　录

第 1 章 绪 论

1.1 通信系统构成

1.1.1 信息与信号

人类生活在信息的海洋里，离不开信息的传递与交流。信息（Information）是指对收信者来说有意义的内容，它是一个比较抽象的概念。信息可以有多种表现形式，如语言、文字、数据、图像等。

信号（Signal）是信息的载体，是运载信息的工具。人们要想交换和传递信息，就必须借助信号，以信号作为载体。

通信（Communication）是信息的传递和交换。通信的含义很广泛，本书所讨论的通信主要是指电通信（包括光通信），即携带信息的载体是电信号（或光信号）。电通信的突出优点是能使信号在任意距离上实现快速、有效、准确、可靠的传递。因此，电通信已成为现代社会的主要通信方式。

1.1.2 模拟信号与数字信号

1. 模拟信号（Analog Signal）

如果信号的幅度值是连续（连续的含义是在某一取值范围内可以取无限多个数值）的而不是离散的，则这样的信号称为模拟信号。图 1.1（a）是话音信号的电压波形，它模拟了语音声强的大小，其幅度是连续变化的。图 1.1（b）是对图 1.1（a）按一定的时间间隔 T 抽样后的抽样信号，在时间上是离散的，但幅度取值仍然连续，所以图 1.1（b）仍然是模拟信号。电话、电视信号都是模拟信号。

2. 数字信号（Digital Signal）

如果信号的幅度是离散的，并且在时间上也是离散的，这样的信号则称为数字信号。图 1.2 是数字信号的两个波形。图 1.2（a）是二进制码，每一个码元只取两个状态（0、1）之一。图 1.2（b）是四电平码，每个码元只能取四个状态（3、1、−1、−3）中的一个。数字信号的特点是幅度值被限制在有限个数值之内，它不是连续的而是离散的。电报信号、数据信号均属于数字信号。

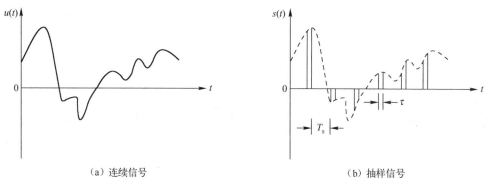

（a）连续信号　　　　　　　　　　（b）抽样信号

图 1.1　模拟信号波形

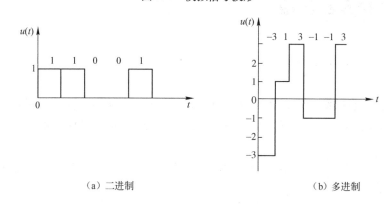

（a）二进制　　　　　　　　　　（b）多进制

图 1.2　数字信号

判断一个信号是数字信号还是模拟信号，其关键是看信号幅度的取值是否离散。信息既可用模拟信号来表示，也可用数字信号来表示，因此，模拟信号和数字信号在一定条件下可相互转换。

1.1.3　通信系统的模型及特点

1. 通信系统的模型

通信系统的一般模型如图 1.3 所示，由信源、发送设备、信道、接收设备和信宿五部分组成。

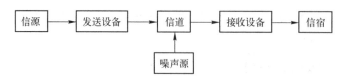

图 1.3　通信系统模型

信源的作用是把各种形式的信息变换成原始电信号。这个信号称为基带信号。

发送设备将信源产生的信号变换为适于信道传输的信号。变换方式是多种多样的，常见的变换方式有各种信道编码、放大、正弦调制等。经正弦调制后的信号称为频带信号。

信道是信号的传输媒介，即传输信号的通道。信号在通信系统中传输时，不可避免地会受到系统外部和系统内部噪声的干扰。在分析时往往把所有的干扰（包括内部噪声）折合到信道上统一用一个等效噪声源来表示。

接收设备的任务是将接收到的频带信号准确地恢复成原基带信号。

信宿的作用是将基带信号恢复成原始信号。

图1.3 所示的通信系统模型是对各种通信系统的概括，它反映了通信系统的共性。根据所研究对象不同，就会出现形式不同的具体的通信模型。数字通信系统模型如图1.4所示。

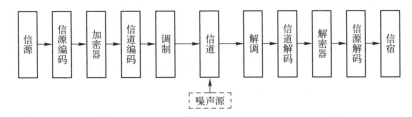

图1.4 数字通信系统模型

图1.4 中，信源是将信息变换成原始电信号的设备或电路。常见的信源有产生模拟信号的电话机、话筒、摄像机和输出数字信号的电子计算机等。

信源编码的任务是把模拟信号变换成数字信号，即模拟/数字变换（简称为模/数变换或A/D 变换）。

加密器可对数字信号进行加密，即对数字信号进行一些逻辑运算以起到加密的作用。

信道编码包括纠错编码和线路编码（又称为码型变换）两部分。经过信道编码的码流，码元之间具有较强的规律性。这样，就使其满足信道的要求，适应在信道上传输，接收端易于同步接收发送端送来的数字码流，并且根据信道编码形成的规律性自动进行检错甚至纠错。

有时为了适应传输系统的频带要求，将编码后的数字信号频谱变换到高频范围内，这一变换称为调制。

接收端的解调、信道解码、解密器、信源解码等功能与发送端的调制、信道编码、加密器、信源编码等功能是一一对应的反变换，这里不再赘述。

需要指出的是：具体的数字通信系统并非一定包括如图1.4所示的全部方框。如果信源是数字信息时，则可去掉信源编码和信源解码，这时的通信系统称为数据通信系统；对于基带传输系统，可去掉调制、解调器；当通信不需要保密时，可去掉加、解密器。

2. 数字通信的特点

与模拟通信比较，数字通信具有以下特点。

（1）抗干扰能力强，无噪声积累

信号在传输过程中必然会受到各种噪声的干扰。在模拟通信中，为了实现远距离传输，提高通信质量，须在信号传输过程中及时对衰减的信号进行放大，同时叠加在信号上的噪声也被放大，如图1.5（a）所示。由于在模拟通信中，噪声是直接干扰信号幅度的，因此难以把信号和干扰噪声分开。随着传输距离的增加，噪声积累越来越大，通信质量越来越差。

在数字通信中，信息变换在脉冲的有无之中。为实现远距离传输，当信噪比恶化到一定程度时，在适当的距离采用再生的方法对已经失真的信号波形进行判决，从而消除噪声的积累，如图1.5（b）所示。

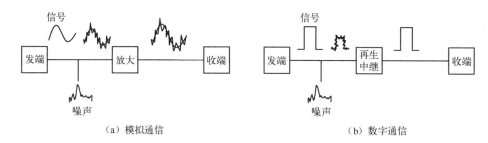

（a）模拟通信　　　　　　　　　　　　　　　（b）数字通信

图1.5　数字通信与模拟通信抗干扰性能比较

（2）灵活性强，能适应各种业务要求

在数字通信中，各种消息（电报、电话、图像、数据等）都可以变换成统一的二进制数字信号进行传输。

（3）便于与计算机连接

计算机产生、处理和接收的均是数字信号，可以直接作为数字通信系统的信源和信宿。

（4）便于加密处理

信息传输的安全性和保密性越来越重要。数字通信的加密处理比模拟通信容易得多。经过一些简单的逻辑运算即可实现加密。

（5）设备便于集成化、小型化

数字通信通常采用时分多路复用，不需要体积大的滤波器。由于设备中大部分电路都是数字电路，可用大规模和超大规模集成电路实现，因此体积小、功耗低。

（6）占用频带宽

这是数字通信的最大缺点。在电话交换系统中，一路模拟电话约占4kHz带宽，而一路数字电话约占64kHz带宽。随着宽频带信道（光缆、数字微波）的大量利用及数字信号处理技术的发展，数字电话的带宽问题已不是主要问题。

1.1.4　通信系统的分类

1．按传输媒介可分为有线通信和无线通信

有线通信是指电磁波沿线缆传播的通信方式。线缆又可分为市话用双绞线、电缆、光缆等。

无线通信是电磁波在空间传播的通信方式，传输媒介为空间。按所用波段不同又可划分为长波通信、中波通信、短波通信、超短波通信、微波通信等。此外，还有卫星通信、移动通信等。

无线通信与有线通信比较，具有机动灵活、不受地理环境限制、通信区域广等优点。无线通信易受到外界干扰，保密性差。有线通信可靠性高、成本低，适用于近距离固定点之间的通信。在现代通信中，无线通信系统与有线通信系统互相融合、互相补偿。

2. 按信号传送类型可分为模拟通信和数字通信

利用模拟信号作为载体而传递信息的通信方式称为模拟通信。目前的电话通信和图像通信仍大量采用模拟通信方式。传输模拟信号的信道称为模拟信道。

利用数字信号作为载体而传递信息的通信方式称为数字通信，如电报、计算机、数据等均属数字通信。

任一信息既可用模拟方式传输，也可用数字方式传输。例如，电话信号过去都用模拟信号传输，而现在可以用数字化手段将模拟信号变成数字信号后再传输，这就是数字电话。此外，数字信号经变换后，也可在模拟信道上传输。

1.2　通信系统的主要性能指标

衡量通信系统性能优劣的主要技术指标是系统的有效性和可靠性。有效性是指信息的传输速度，而可靠性是指信息传输的质量。两者是相互矛盾而又相互联系的，通常也是可以相互转换的。

模拟通信系统的有效性可用有效传输频带来度量，同样的消息采用不同的调制方式，则需不同的频带宽度。可靠性用系统输出信号噪声功率比来度量，在相同的条件下，某一系统输出信噪比高，则称该系统通信质量好。例如，通常电话要求信噪比为 20～40dB，而电视则要求 40dB 以上。

与模拟通信相对应，衡量数字通信系统的主要性能指标为传输速率和传输差错率。

1.2.1　码元与比特

码元：携带信息的数字单元称为码元。它是指在数字信道中传送数字信号的一个波形符号，它可能是二进制的，也可能是多进制的。

比特：信息的度量单位。1 位二进制数所携带的信息量即为 1 比特。例如，10010110，8 位二进制数字，所携带的信息量为 8 比特。

1.2.2　传输速率和传输差错率

1. 传输速率

传输速率是指在单位时间内通过信道的平均信息量，一般有两种表示方法。

① 比特速率，又称为传信率，指系统每秒钟传送的比特数，单位是比特/秒（bps），用 f_b 表示。

② 码元速率，又称为传码率，指系统每秒钟传送的码元数，单位是波特（Baud），用 f_B 表示。因为码元速率并没有限定是何种进制的码元，所以给出码元速率时，必须说明这个码元的进制。

对于 M 进制码元，其码元速率和比特速率的关系式为：

$$f_b = f_B \cdot \log_2 M$$

显然，对二进制码元，$f_b = f_B$。

数码率指标不能真正体现出信道的传输效率，因为传输速率越高，所占用的信道频带越宽，因此通常采用单位频带的传信率，即 $\eta = \dfrac{信息速率}{频带宽度}$，其单位为 bps·Hz。

2. 传输差错率

衡量数字通信系统可靠性的主要指标是误码率和误比特率。

① 误码率，指在传输的码元总数中错误接收的码元数所占的比例，用 P_e 表示。

$$P_e = \frac{发生误码个数\ n}{传输总码数\ N}$$

② 误比特率，又称为误信率，指在传输的信息量总数中错误接收的比特数所占的比例，用 P_{eb} 表示。

1.3 通信技术发展过程

 ### 1.3.1 通信的发展概况

自人类社会产生以来，按照通信交流方式与技术的不同，可以将通信发展划分为四个历史阶段。第一阶段是语言通信，人们通过人力、马力以及烽火台等原始通信手段传递消息；第二阶段是出现文字后的邮政通信；第三阶段是电气通信时代，其主要的通信方式是电话、电报、广播等；第四阶段是信息时代，它不仅要求对信息的传递，还包括了对信息的存储、处理和加工，其主要代表为计算机网络和信息高速公路等。

真正有实用意义的电通信起源于 19 世纪 30 年代。1835 年，莫尔斯电码出现；1837 年，莫尔斯电磁式电报机出现；1866 年，利用大西洋海底电缆实现了越洋电报通信；1876 年，贝尔发明了电话机，开始了有线电报、电话通信，使消息传递既迅速又准确。

19 世纪末，出现了无线电报；20 世纪初，电子管的出现使无线电话成为可能。自 20 世纪 60 年代以来，随着晶体管、集成电路的出现和应用，无线电通信迅速发展，无线电话、广播、电视和传真通信相继出现并发展起来。

进入 20 世纪 80 年代后，随着人造卫星的发射，电子计算机、大规模集成电路和光导纤维等现代化科学技术成果的问世和应用，特别是数字通信技术的飞速发展，各种技术之间相互渗透、相互利用，相继出现了综合业务数字网（ISDN）、多媒体通信技术（MMT）、综合移动卫星通信（M-SAT）、个人通信网以及智能通信网（IN 或 AIN）等。特别是多媒体通信以通信技术、广播电视技术、计算机技术为基础，突破了计算机、电话、电视等传统产业的界线，将计算机的相互性、通信网的分布性和电视广播的真实性融为一体，向人们提供了综合的消息服务，成为一种新型的、智能化的通信方式。

21 世纪是信息化社会，信息技术和信息产业是新的生产力增长点之一，因此在信息技术中，全球信息高速公路会成为将来高度信息化社会的一项基本设施。"国际信息基础工程"（通称为"信息高速公路"）计划，目前正在世界不少国家和地区部署和实施。它是以光缆为"路"，集计算机、电视、录像、电话为一体的多媒体为载体，向大学、研究机构、企业及普通家庭实时提供所需数据、图像、声音传输等多种服务的全国性高速信息网络。它是多门学科的综合。从技术角度来讲，它涉及了计算机科学技术、光纤通信技术、数字通信技术、个人通信技术、信号处理技术、光电子技术、半导体技术、大容量存储技术、网络技术、信息安全技术等信息技术，这是一项规模巨大、意义重大的工程。因此，各发达国家都在投入大量的人力、物力积极研究、实验、实施这项计划，但还有许多关键技术及社会问题尚待解决，可以说这一切仅仅是一个开始，还需要人们不断地探索和研究。

展望未来，通信技术正在向数字化、智能化、综合化、宽带化、个人化方向迅速发展，各种新的电信业务也应运而生，朝着信息服务多种领域广泛延伸。人们期待着早日实现通信的最终目标：无论何时、何地都能实现与任何人进行任何形式的信息交换——全球个人通信。

1.3.2　模拟通信系统

虽然数字通信已成为现代通信的发展趋势。但从我国的国情来看，我国模拟通信设备仍在发挥较好的经济效益，因此，数字通信和模拟通信将并存较长的时间。

模拟通信利用模拟信号作为信息载体。对于一个正弦载波信号，可以用三个参量（幅度、频率和相位）来描述。用有用信号分别控制载波信号的幅度、频率和相位，就分别得到调幅、调频和调相。

调幅分为标准调幅（AM）、抑制载波双边带调幅（DSB）、单边带调幅（SSB）、残留边带调幅（VSB）等。

单边带调幅（SSB）在通信中最为常用。图1.6为调幅信号频谱，可以发现其频谱成分应包括载波、上边带和下边带三部分。载波本身并未携带信息，被传递的信息包含在两个边带之中，每个边带都包含了全部的被传输信息。因此，可以将载波和一个边带抑制掉，只传输另一个边带。这种把消息调制在一个边带上进行传输的通信方式称为单边带通信，这种调制方式称为单边带调制。它的最大优点是，比AM和DSB的带宽减少了1半，因此提高了信道利用率。同时，因为不发送载波而仅发送一个边带，所以更节省功率。

调频和调相的最终结果都是载波的相角受到调制信号的控制，因此统称为角度调制。

产生调频波的方法有两种：直接调频和间接调频。直接调频就是直接用基带调制信号控制高频振荡器内的电抗元器件的参数，使高频振荡频率随调制信号变化而变化。目前，最常见的调频器是变容二极管调频器。间接调频是指由调相法产生调频信号的方法，调制信号经积分后，再对高频载波调相而得到调频信号，如图1.7所示。

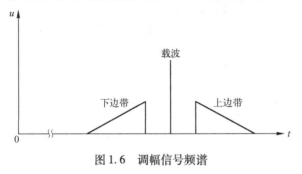

图1.6　调幅信号频谱

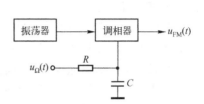

图1.7　间接调频原理方框图

有关模拟信号传输的内容可参见高频电子线路课程。

本章小结

本章主要介绍了通信的基本知识，对通信系统建立了一个整体的概念。本章主要内容为通信系统的组成和分类，数字通信系统的组成和特点，信息、信号的概念，通信系统的主要性能指标，通信的发展过程及发展趋势。

在人们的生活中，通信是必不可少的。一个通信系统应包括信源、发送设备、信道、接收设备和信宿五部分。数字通信系统还应有信源编译码、加密解密、信道编译码等。

通信系统按传输媒介不同可分为有线通信和无线通信，视传输信号形式不同又可分为模拟通信和数字通信。模拟通信在信道中传输的是模拟信号，数字通信在信道中传输的是数字信号。目前，从通信发展趋势来看是有线与无线相融合，并向数字通信方向发展。

无论是模拟通信，还是数字通信，衡量一个通信系统性能优劣的主要技术指标是通信的有效性和可靠性。其中，比特速率、码元速率等是描述数字通信系统有效性的主要指标；而误码率是描述数字通信系统可靠性的主要参数指标。

在模拟通信中，系统的传输质量用信噪比来表示；而在数字通信中，系统的传输质量用误码率来表示。

虽然现代通信的发展趋势是向数字化、智能化方向发展，但从经济角度来考虑，我国的模拟通信系统（如广播、电视及部分点对点的无线电通信系统）仍发挥着较大作用。因此，在本章最后简要介绍了最基本的模拟通信方式，即单边带通信的调制和调频波产生的方法。

思考题与习题

1.1 模拟信号与数字信号的主要区别是什么？

1.2 试画出通信系统方框图，并说明各部分作用。

1.3 模拟通信和数字通信研究的基本问题各是什么？

1.4 通信系统是如何分类的？

1.5 数字通信和数据通信有什么区别？请画出话音信号、数字数据信号的基带传输和频带传输时的通信系统方框图。

1.6 数字通信与模拟通信相比有何特点？

1.7 什么是比特速率？什么是码元速率？两者有什么不同？

1.8 某一数字信号的码元速率为 1200 Baud，试问它采用四进制或二进制传输时，其信息传输速率各为多少？

1.9 设在 125 μs 内传输 256 个二进制码元，计算信息传输速率为多少？若该信息在 5s 内有 6 个码元产生误码，其误码率为多少？

1.10 某一数字通信系统传输的是四进制码元，4s 内传输了 8000 个码元，系统的码元速率是多少？传输速率是多少？若另一通信系统传输的是十六进制码元，6s 内传输了 7200 个码元，它的码元速率是多少？传输速率是多少？哪个系统的传输速度快？

1.11 一个四进制数字通信系统，码元速率为 1kBaud，连续工作 1h 后，接收到的错码为 10 个，求误码率。

1.12 SSB 调制与 AM 调制相比，最大的优点是什么？

第2章 数字通信系统

2.1 概述

如前所述，在数字通信系统中，信道所传输的信号为数字信号；而常见的语言、图像等信号大都为模拟信号。因此，若要进行数字通信，就要将模拟信号转换为数字信号后再传输。将模拟信号数字化的方法有很多种，如脉冲编码调制（Pulse Code Modulation，PCM）、增量调制（Delta Modulation，DM 或 ΔM）、差分脉冲编码调制（DPCM）等。

为了扩大传输容量和提高传输效率，在实际通信中采用了多路复用的方法。

数字通信是通信发展的必然趋势，目前数字通信在短波通信、移动通信、微波通信、卫星通信以及光纤通信中都得到了广泛的应用。

在数字通信系统中，脉冲编码调制通信是数字通信的主要形式之一。一个基带传输PCM 单向通信系统如图 2.1 所示。

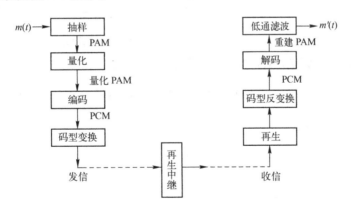

图 2.1　PCM 通信系统

发信端的主要任务是完成 A/D（模/数）变换，其主要步骤为抽样、量化、编码。

收信端的任务是完成 D/A 变换，其主要步骤是解码、低通滤波。

因为信号在传输过程中要受到干扰和衰减，所以每隔一段距离加一个再生中继器，使数字信号获得再生。

为了使信号适合信道传输，并有一定的检测能力，在发信端加有码型变换电路，收信端加有码型反变换电路。

下面具体分析各部分的原理。

2.1.1 抽样

抽样（Sample）的任务是对模拟信号进行时间上的离散化处理，即每隔一段时间对模拟信号抽取一个样值。经抽样后，模拟信号的信息被调制到了脉冲序列的幅度上面，因此样值序列称为脉冲幅度调制（Pulse Amplitude Modulation，PAM）。抽样是模拟信号数字化的第一步。在接收端，要从离散的样值脉冲中不失真地恢复出原模拟信号，实现重建任务。抽样脉冲的重复频率 f_s 必须满足什么条件才能保证收信端正确地加以重建？下面将介绍抽样定理。

1. 抽样定理

（1）样值信号频谱

抽样定理模型可用一个乘法器表示，如图 2.2 所示，即

$$m_s(t) = m(t) \cdot s(t) \tag{2-1}$$

式中，$s(t)$ 是重复周期为 T_s、脉冲幅度为 1、脉冲宽度为 τ 的周期性脉冲序列，即抽样脉冲序列。如图 2.3 所示。从图中可以看出：$s(t) = 1$ 时，$m_s(t) = m(t)$；$s(t) = 0$ 时，$m_s(t) = 0$。

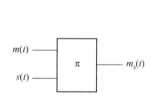

图 2.2 抽样定理模型

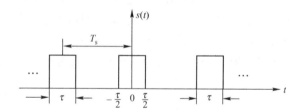

图 2.3 抽样脉冲序列

下面分析样值信号频谱。$s(t)$ 用傅里叶级数可表示为：

$$s(t) = A_0 + 2\sum_{n=1}^{\infty} A_n \cos n\omega_s t \tag{2-2}$$

式中，$\omega_s = \dfrac{2\pi}{T_s} = 2\pi f_s$

$A_0 = \dfrac{\tau}{T_s}$

$A_n = \dfrac{\tau}{T_s} \cdot \dfrac{\sin \dfrac{n\omega_s \tau}{2}}{\dfrac{n\omega_s \tau}{2}}$

$$m_s(t) = m(t) \cdot s(t) = A_0 m(t) + 2A_1 m(t) \cos\omega_s t + 2A_2 m(t) \cos 2\omega_s t + \cdots + 2A_n m(t) \cos n\omega_s t \tag{2-3}$$

若 $m(t)$ 为单一频率 Ω 的正弦波，即 $m(t) = A_\Omega \sin\Omega t$，则式（2-2）中各项所包含的频率成分如下所述：

第 1 项：Ω，幅度为 $\dfrac{\tau}{T_s}$。

第 2 项：$\omega_s \pm \Omega$。

第 3 项：$2\omega_s \pm \Omega$。

……

第 n 项：$n\omega_s \pm \Omega$。

可以看出，抽样后信号的频率成分除含有 Ω 外，还有 $n\omega_s$ 的上、下边带；第 1 项中包含了原模拟信号 $m(t) = A_\Omega \sin \Omega t$ 的全部信息，只是幅度差 $\frac{\tau}{T_s}$ 倍。

若 $m(t)$ 信号的频率为 $f_L \sim f_H$，即为一定带宽信号，其 $m(t)$、$s(t)$、$m_s(t)$ 信号波形及频谱如图 2.4 所示。

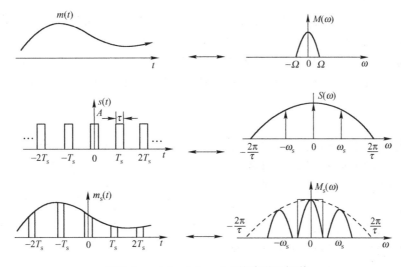

图 2.4 $m(t)$、$s(t)$、$m_s(t)$ 的波形及频谱

（2）抽样定理

由图 2.4 看出，只要频谱间不发生重叠现象，在接收端就可通过截止频率为 $f_c = f_H$ 的理想低通滤波器从样值信号中取出原模拟信号。对于最高频率为 f_m 的模拟信号来说，只要抽样信号频率 $f_s \geq 2f_m$，在接收端就可不失真地取出原模拟信号。

抽样定理的含义：抽样信号 $s(t)$ 的重复频率 f_s 必须不小于模拟信号最高频率的两倍，即 $f_s \geq 2f_m$，它是模拟信号数字化的理论根据。

实际滤波器的特性不是理想的，因此常取 $f_s > 2f_m$。

在选定 f_s 后，必须限制模拟信号的 f_m。方法为：在抽样前加一低通滤波器，限制 f_m，保证 $f_s > 2f_m$。

2. 信号的重建

利用一低通滤波器即可完成信号重建的任务。由前面分析知道，样值信号中原模拟信号的幅度只为抽样前的 $\frac{\tau}{T_s}$ 倍。因为 τ 很窄，所以还原出的信号幅度太小。为了提升重建的语音信号幅度，通常采取加一展宽电路，将样值脉冲 τ 展宽为 T_s，从而提升信号幅度。理论和实践表明：加展宽电路后，在 PAM 信号中，低频信号提升的幅度多，高频信号提升的幅度小，产生了失真。为了消除这种影响，在低通滤波器之后加均衡电路。要求均衡电路对低频信号衰减大，对高频信号衰减小。

2.1.2 量化

量化的任务是将 PAM 信号在幅度上离散化，即将模拟信号转换为数字信号。其做法是将 PAM 信号的幅度变化范围划分为若干个小间隔，每一个小间隔叫做一个量化级。相邻两个样值的差称为量化级差，用 δ 表示。当样值落在某一量化级内时，就用这个量化级的中间值来代替。该值称为量化值。但实际中，实现这种方法的电路较复杂，因此，实用电路中常常在发送端采用取整量化，在收信端再加上半个量化级差。

用有限个量化值表示无限个取样值，总是含有误差的。由于量化而导致的量化值和样值的差称为量化误差，用 $e(t)$ 表示。即 $e(t)$ = 量化值 - 样值。

量化分为均匀量化和非均匀量化。每个量化值要用数字码（或码组）表示，这个过程称为编码。在实际设备中，量化和编码是一起完成的。为了便于理解，下面分两步进行介绍。

1. 均匀量化

均匀量化的量化级差 δ 是均匀的。或者说，均匀量化的实质是不管信号的大小，量化级差都相同。其量化特性曲线如图 2.5（a）所示。该量化特性曲线共分 8 个量化级，量化输出取其量化级的中间值。量化误差与输入电压的关系曲线如图 2.5（b）所示。从图中可见，当输入信号幅度在 $-4\delta \sim +4\delta$ 之间时，量化误差的绝对值都不会超过 $\frac{\delta}{2}$，这段范围称为量化的未过载区。在未过载区产生的噪声称为未过载量化噪声。当输入电压幅度 $u(t)$ > 4δ 或 $u(t)$ < -4δ 时，量化误差值线性增大，超过 $\frac{\delta}{2}$，这段范围称为量化的过载区。在量化过载区产生的噪声称为过载量化噪声。过载量化噪声在实用中应避免。

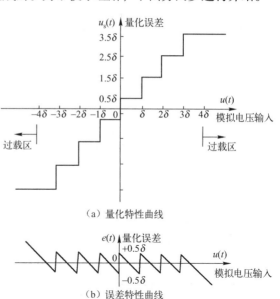

（a）量化特性曲线

（b）误差特性曲线

图 2.5 均匀量化特性曲线及误差特性曲线

下面分析均匀量化中量化噪声对通信的影响。

通信中常用信噪比表示通信质量。量化信噪比是指模拟输入信号功率与量化噪声功率之比。

经分析知，对一正弦信号，均匀量化的信噪比为：

$$\left(\frac{S}{N}\right)_{dB} = 1.76 + 6n + 20 \lg \frac{U_m}{V} \tag{2-4}$$

对一语音信号，均匀量化的信噪比为：

$$\left(\frac{S}{N}\right)_{\text{dB}} = 6n - 9 + 20 \lg \frac{U_{\text{m}}}{V} \tag{2-5}$$

式中，n 为二进制码的编码位数；

　　　U_{m} 为有用信号的幅度；

　　　$+V \sim -V$ 为未过载量化范围。

把满足一定量化信噪比要求的输入信号取值范围定义为量化器的动态范围。

可以看出：

① 为保证通信质量，要求在信号动态范围达到 40dB（即 $20 \lg \frac{U_{\text{m}}}{V} = -40\text{dB}$）时，信噪

比 $\left(\frac{S}{N}\right)_{\text{dB}} \geqslant 26\text{dB}$

$$26 \leqslant 1.76 + 6n - 40$$

解得 $n \geqslant 10.7$，即在码位 $n = 11$ 时，才满足要求。

② 信噪比与码位数 n 成正比，即编码位数越多，信噪比越高，通信质量越好。每增加一位码，信噪比可提高 6dB。

③ 有用信号幅度 U_{m} 越小，信噪比越低。

④ 语音信号信噪比比相同幅值的正弦信号输入时的信噪比低 11dB。

由以上分析可见，均匀量化信噪比的特点是，码位越多，信噪比越大；在相同码位的情况下，大信号时信噪比大，小信号时信噪比小。

2. 非均匀量化

经过大量统计表明，语音信号中出现小信号的概率要大于出现大信号的概率，但均匀量化信噪比的特点是：小信号信噪比小，对提高通信质量不利。因此，为了照顾小信号时量化信噪比，又使大信号信噪比不浪费，提出了非均匀量化的概念。

（1）非均匀量化的概念

非均匀量化是对大小信号采用不同的量化级差，即在量化时对大信号采用大量化级差，对小信号采用小量化级差。图 2.6 所示是一种非均匀量化特性的具体例子。图中只画出了幅值为正时的量化特性。过载电压 $V = 4\Delta$，其中 Δ 为常数，其数值视实际情况而定。量化级数 $i = 8$，幅值为正时，有 4 个量化级差。

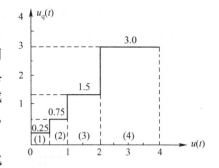

图 2.6　非均匀量化特性实例

由图中看出：在靠近原点的（1）、（2）两级量化间隔最小且相等（$\Delta_1 = \Delta_2 = 0.5\Delta$），其量化值取量化间隔的中间值，分别为 0.25 和 0.75；以后量化间隔以两倍的关系递增，所以满足了信号电平越小，量化间隔也越小的要求。

（2）压缩与扩张

实现非均匀量化的方法之一是采用压缩 - 扩张技术，其特点是在发送端对输入模拟信号进行压缩处理后再均匀量化，在接收端进行相应的扩张处理，如图 2.7 所示。图中看出，在非线性压缩特性中，小信号时的压缩特性曲线斜率大，而大信号时压缩特性曲线斜率小。

经过压缩后，小信号放大后变成大信号，再经均匀量化后，信噪比就较大了。在接收端经过扩张处理，还原成原信号。压缩和扩张特性严格相反。

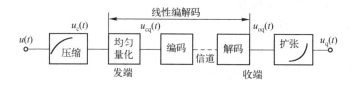

图 2.7　非均匀量化的实现

综上所述，非均匀量化的具体实现，关键在于压缩 - 扩张特性。目前，应用较广的是 A 律和 μ 律压缩 - 扩张特性。

（3）A 律压缩特性

若将压缩特性和扩张特性曲线的输入和输出位置互换，则两者特性曲线是相同的。因此，下面只分析压缩特性。A 律压缩特性公式如下：

$$y = \frac{Ax}{1 + \ln A}, \quad 0 \leqslant x \leqslant \frac{1}{A}$$

$$y = \frac{1 + \ln Ax}{1 + \ln A}, \quad \frac{1}{A} \leqslant x \leqslant 1 \tag{2-6}$$

式中，A 为压缩系数，表示压缩程度，如图 2.8 所示。$A = 1$ 时，$y = x$，为无压缩，即均匀量化情况。A 值越大，在小信号处斜率越大，对提高小信号信噪比越有利。

（4）A 律 13 折线压缩特性

在实际中，用一段段折线来近似模拟 A 律压缩特性，如图 2.9 所示。在该方法中，将第 Ⅰ 象限的 y、x 各分 8 段。y 轴均匀的分段点为 1、7/8、6/8、5/8、4/8、3/8、2/8、1/8、0。x 轴按 2 的幂次递减的分段点为 1、1/2、1/4、1/8、1/16、1/32、1/64、1/128、0。这 8 段折线从小到大依次为①，②，…，⑧段。各段斜率分别用 k_1，k_2，…，k_8 表示，其值为 $k_1 = 16$、$k_2 = 16$、$k_3 = 8$、$k_4 = 4$、$k_5 = 2$、$k_6 = 1$、$k_7 = 1/2$、$k_8 = 1/4$。靠近第①、②段的斜率最大，说明对小信号放大能力最大，因此信噪比改善最多。再考虑 x、y 为负值的第 Ⅲ 象限的

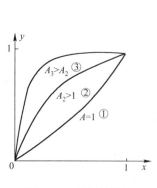

图 2.8　A 律压缩特性

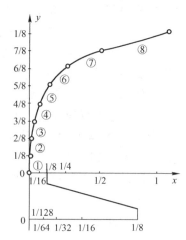

图 2.9　A 律 13 折线压缩特性

情况，由于第Ⅲ象限和第Ⅰ象限的①、②的斜率相同，可将这4段视为一条直线，所以两个象限总共13段折线，称为13折线。实际中，$A=87.6$时，其13折线压缩特性与A律压缩特性相似，因此简称为A律13折线压缩特性或13折线特性。

A律13折线压缩特性对小信号信噪比的改善是靠牺牲大信号的量化信噪比换来的。非均匀量化后量化信噪比的公式可表示为：

$$\left(\frac{S}{N}\right)_{dB}=1.76+6n+20\lg\frac{k_iU_m}{V}=1.76+6n+20\lg\frac{U_m}{V}+20\lg k_i \qquad (2-7)$$

式（2-7）中，$20\lg k_i$为量化信躁比的改善量。13折线各段折线的斜率及量化信噪比的改善量如表2.1所示。

表2.1　13折线各段折线的斜率及量化信噪比的改善量

段　　落	1	2	3	4	5	6	7	8
折线斜率	16	16	8	4	2	1	1/2	1/4
量化信噪比的改善量（dB）	24	24	18	12	6	0	-6	-12

根据以上分析，采用13折线压缩特性进行非均匀量化时，编7位码（即$n=7$）就可满足输出信噪比大于26 dB的要求。

（5）μ律压缩特性

μ律压缩特性公式为：

$$y=\frac{\ln(1+\mu x)}{\ln(1+\mu)},\ (0\leqslant x\leqslant 1,\ 0\leqslant y\leqslant 1) \qquad (2-8)$$

式中，μ为压缩系数，如图2.10所示。$\mu=0$时，相当于无压缩情况。实用中取$\mu=255$，μ律压缩特性可用15折线来近似，因在我国很少使用，故在此不予讨论。

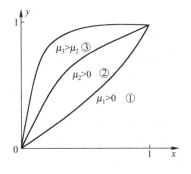

图2.10　μ律压缩特性

 ## 2.1.3　编码与解码

1．编码器

编码的任务是将已量化的PAM信号按一定的码型转换成相应的二进制码组，获得PCM信号。

常见的码型有普通二进制码、折叠二进制码等，如表2.2所示。设信号范围为$-4\Delta\sim+4\Delta$，采用均匀量化，因为$2^3=8$，所以分为8段，量化级差为1Δ，每个码字为三位码。

表2.2　码型表

序　　号	量　化　值	范　　围	普通二进制码			折叠二进制码		
			a_1	a_2	a_3	b_1	b_2	b_3
7	+3.5	+3.0～+4.0	1	1	1	1	1	1
6	+2.5	+2.0～+3.0	1	1	0	1	1	0
5	+1.5	+1.0～+2.0	1	0	1	1	0	1

续表

序　号	量　化　值	范　围	普通二进制码 a_1	a_2	a_3	折叠二进制码 b_1	b_2	b_3
4	+0.5	0 ～ +1.0	1	0	0	1	0	0
3	−0.5	−1.0 ～ 0	0	1	1	0	0	0
2	−1.5	−2.0 ～ −1.0	0	1	0	0	0	1
1	−2.5	−3.0 ～ −2.0	0	0	1	0	1	0
0	−3.5	−4.0 ～ −3.0	0	0	0	0	1	1

可以看出，两种码型的第一位码表示信号的极性，即样值为正时，第 1 位码为"1"；样值为负时，第 1 位码为"0"。所以，样值编成 n 位码时，$x_1 = 1$ 表示正样值，$x_1 = 0$ 表示负样值；x_2，x_3，…，x_8 称为幅度码。对于折叠二进制码，幅度相同的正负样值的幅度码相同，正负值合用一个编码电路，电路会简单些。因此，在实际的 PCM 通信中通常采用折叠二进制码。

（1）A 律 13 折线量化编码方案的码位安排

按 A 律 13 折线压缩特性进行编码时，一个 8 位码的码字安排如图 2.11 所示。

其中，x_1 为极性码，$x_1 = 1$ 表示正样值，$x_1 = 0$ 表示负样值；$x_2 \sim x_4$ 为段落码，表示样值为正（或负）的 8 个非均匀量化大段；$x_5 \sim x_8$ 为段内码，每一个大段均匀分 16 小段，因为 $2^4 = 16$，所以 4 位段内码正好表示这 16 个小段。段落码和段内码合起来称为幅度码。$2^7 = 128$，表示样值为正（或负）时共分为 128 个量化级。

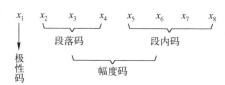

图 2.11　码位安排

每个大段落区间称为段落差，符合 2 的幂次规律，即每一段的段落差是前一段的两倍（第 1 段除外）；每个大段的起始值称为起始电平；每个大段落分为 16 个均匀的小段；每个小段的间隔即为量化级差 $\delta_i (i = 1 \sim 8)$。段落起始电平及各段量化级差计算如表 2.3 所示。

表 2.3　段落起始电平与量化级差

段落序号	起始电平	量化级差
①	0Δ	$\delta_1 = \dfrac{\left(\dfrac{1}{128} - 1\right)}{16} = \dfrac{1}{2048} = 1\Delta$
②	16Δ	$\delta_2 = \dfrac{\left(\dfrac{1}{64} - \dfrac{1}{128}\right)}{16} = \dfrac{1}{2048} = 1\Delta$
③	32Δ	$\delta_3 = \dfrac{\left(\dfrac{1}{64} - \dfrac{1}{128}\right)}{16} = \dfrac{1}{1024} = 2\Delta$
④	64Δ	$\delta_4 = 4\Delta$
⑤	128Δ	$\delta_5 = 8\Delta$
⑥	256Δ	$\delta_6 = 16\Delta$
⑦	512Δ	$\delta_7 = 32\Delta$
⑧	1024Δ	$\delta_8 = 64\Delta$

显然，每一段落的量化级差不等，从而实现了大信号量化级差大，小信号量化级差小，改善了小信号时的量化噪声的影响，这就进一步说明了非均匀量化的实质。

用 Δ 表示量化级差时，共 $2 \times (16\delta_1 + 16\delta_2 + 16\delta_3 + \cdots + 16\delta_8) = 4096\Delta$。若按 $\delta = \Delta$ 进行均匀量化时，相当于 $(2^{12} = 4096)$ 编 12 位码。可以看出，利用压缩扩张法提高了小信号信噪比，在直接非均匀量化编码中，得到了完全等效的体现，因此，实际线路中不必单独配置压扩器和均匀量化器。

（2）编码器

PCM 系统常用的编码方式有：逐次反馈型编码器、级联型编码器和混合型编码器。下面重点介绍最常用的逐次反馈型编码器。

① 逐次反馈型编码器组成原理。要判断 $|u_s|$ 位于哪一个大段落，须知 16Δ、32Δ、64Δ、128Δ、256Δ、512Δ、1024Δ 这 7 个权值 u_r（实际还有 0Δ），其比较过程如图 2.12 所示。

段内码 $x_5 \sim x_8$ 的权值由下式确定：

$$u_{r5} = 段落起始电平 + \frac{1}{2} 段落差$$

$$u_{r6} = 段落起始电平 + \frac{x_5}{2} 段落差 + \frac{1}{4} 段落差$$

$$u_{r7} = 段落起始电平 + \frac{x_5}{2} 段落差 + \frac{x_6}{4} 段落差 + \frac{1}{8} 段落差$$

$$u_{r8} = 段落起始电平 + \frac{x_5}{2} 段落差 + \frac{x_6}{4} 段落差 + \frac{x_7}{8} 段落差 + \frac{1}{16} 段落差$$

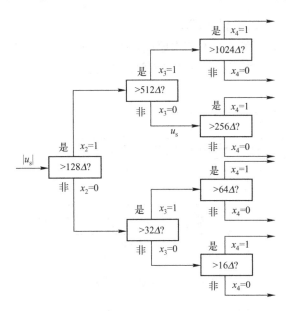

图 2.12 编段落码下权值的确定

【例 2-1】 设输入信号取样值为 $+1270\Delta$，试采用逐次对分比较法编码器将其按 A 律 13 折线压缩特性编成 8 位二进制码，并计算量化误差。

解 极性码 x_1：输入信号为正电平，$x_1 = 1$。

段落码 $x_2 \sim x_4$：由图 2.12 知 $u_{r2} = 128\Delta$。

$u_s = 1270\Delta > 128\Delta$，$x_2 = 1$，$u_{r3} = 512\Delta$

$u_s = 1270\Delta > 512\Delta$，$x_3 = 1$，$u_{r4} = 1024\Delta$

$u_s = 1270\Delta > 1024\Delta$，$x_4 = 1$，$x_2 \sim x_4 = 111$

说明该样值属于第⑧大段，其段落起始电平 = 段落差 = 1024Δ，$\delta_8 = 64\Delta$。

段内码 $x_5 \sim x_8$：

$$u_{r5} = 1024\Delta + \frac{1}{2}1024\Delta = 1536\Delta$$

$$u_s = 1270\Delta < 1536\Delta，x_5 = 0$$

$$u_{r6} = 1024\Delta + \frac{1}{4}1024\Delta = 1280\Delta，$$

$$u_s = 1270\Delta < 1280\Delta，x_6 = 0$$

$$u_{r7} = 1024\Delta + \frac{1}{8}1024\Delta = 1152\Delta$$

$$u_s = 1270\Delta > 1152\Delta，x_7 = 1$$

$$u_{r8} = 1024\Delta + \frac{1}{8}1024\Delta + \frac{1}{16}1024\Delta = 1216\Delta$$

$$u_s = 1270\Delta > 1216\Delta，x_8 = 1$$

取样值为 $+1270\Delta$ 的 PCM 码为 11110011。

在接收端，解码电平 = 码字电平 + $\frac{1}{2}\delta_8 = 1216\Delta + \frac{1}{2}64\Delta = 1248\Delta$

量化误差 = $|1248\Delta - 1270\Delta| = 22\Delta$

② 编码器的构成。根据编码方案基本原理和折叠码的特点，其构成方框图如图 2.13 所示。它包括极性判决电路、幅度比较器和局部解码电路。

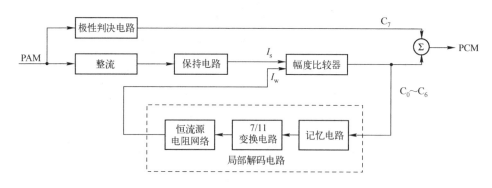

图 2.13　逐次反馈型编码器构成

极性判决电路是将样值信号 u_s 与下权值 $u_{r1} = 0$ 进行比较，根据样值的正或负确定极性码 x_1 是 1 还是 0。

幅度比较电路是根据全波整流电路送来的 u_s 和 $u_{ri}(i = 2 \sim 8)$ 的比较结果确定幅度码 $x_2 \sim x_8$。

局部解码电路由记忆电路、7/11 变换电路、11 个控制逻辑开关和 11 个恒压源（或恒流源）组成。

2. 解码器

解码器是完成数/模变换的部件，通常又称为数/模变换器，简记为 DAC。PCM 接收端译码器的工作原理与本地译码器基本相同，唯一不同的是接收端译码器在译出幅度的同时，还要恢复出信号的极性。这里不再赘述。

2.1.4　PCM 编译码器芯片

PCM 编译码器采用 MC145557 专用大规模集成电路芯片。它采用 A 律压缩编码方式，含发送带宽和接收低通开关电容滤波器，内部提供基准电压源，采用 CMOS 工艺。MC145557 的引脚图如图 2.14 所示，内部组成框图如图 2.15 所示。

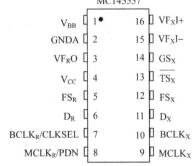

图 2.14　MC145557 的引脚图

下面简述 MC145557 的引脚定义。

① V_{BB}：输入 $-5V$ 电压。

② GNDA：模拟地。

③ VF_RO：接收信号输出。

④ V_{CC}：输入 $+5V$ 电压。

⑤ FS_R：接收 8kHz 帧同步输入。

⑥ D_R：接收数据输入。

⑦ $BCLK_R/CLKSEL$：接收数据时钟输入/时钟选择控制。

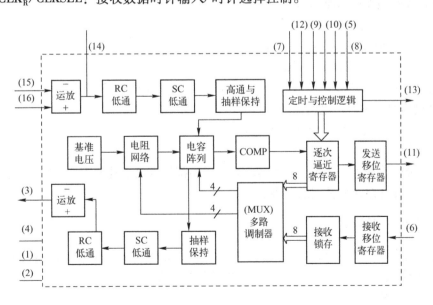

图 2.15　MC145557 内部组成框图

⑧ $MCLK_R/PDN$：接收主时钟输入/降低功耗控制。在固定数码率工作模式下为 2048kHz。

⑨ $MCLK_X$：发送主时钟输入。在固定数码率工作模式下为 2048kHz。

⑩ BCLK$_X$：发送数据时钟输入。

⑪ D$_X$：发送数据时钟输出。

⑫ FS$_X$：发送 8kHz 帧同步输入。

⑬ TS$_X$：发送时隙指示。

⑭ GS$_X$：发送增益控制。

⑮ VF$_X$I － ：发送信号反相输入。

⑯ VF$_X$I ＋ ：发送信号同相输入。

MC145557 所需的定时脉冲均由定时部分提供。74LS04、74LS74 时钟源产生 2048kHz 的主时钟信号，由 74LS161、74LS20 和 74LS138 产生两个时序相差 3.91μs（1/256000 s）的 8kHz 帧同步信号。

2.2 数字信号的基带传输

2.2.1 数字基带信号

数字基带信号用数字信息的电脉冲表示，通常把数字信息的电脉冲的表示形式称为码型。不同形式的码型信号具有不同的频谱结构，为了在传输信道中获得优质的传输特性，需要合理选择基带信号的码型，使数字信息变换为适合于给定信道传输特性的频谱结构，便于数字信号在信道内传输。适于在有线信道中传输的基带信号码型又称线路传输码型。

线路码及码型设计的原则如下：

① 易于从线路码流中提取时钟分量。

② 线路码型频谱中不含直流分量。

③ 线路码流中高频分量应尽量少。

④ 码型变换过程不受信息源统计特性影响，即能适应信息源的变化。

⑤ 经过信息传输后产生的码间干扰应尽量小。

⑥ 线路码型具有一定的误码检测能力。

⑦ 设备简单。

数字基带的传输码型很多，并不是所有的码型都能满足上述要求，往往是根据实际需要进行选择，下面介绍几种常用的码型。

1. 单极性不归零码

单极性码指单极性不归零码，如图 2.16（a）所示，它用高电平代表二进制符号的"1"；0 电平代表"0"，在一个码元时隙内电平维持不变。

单极性码的缺点如下：

① 有直流成分，因此不适用于有线信道。

② 判决电平取接收到的高电平的一半，所以不容易稳定在最佳值。

③ 不能直接提取同步信号。

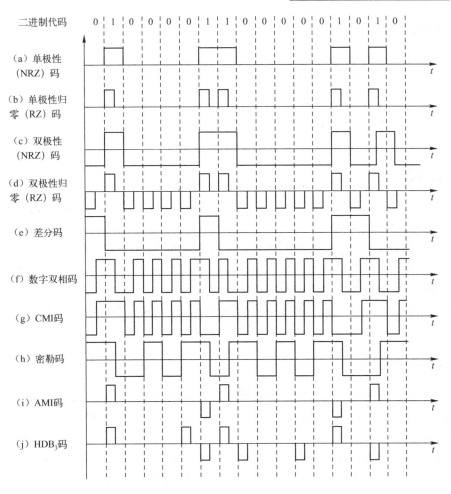

图 2.16　几种常用二进制码型

④ 传输时，要求信道的一端接地。

2. 单极性归零码

单极性归零码如图 2.16（b）所示，代表二进制符号"1"的高电平在整个码元时隙持续一段时间后要回到 0 电平。如果高电平持续时间 τ 为码元时隙 T 的一半，则称为 50% 占空比的单极性码。

单极性归零码中含有位同步信息，其他特性同单极性码。

3. 双极性不归零码

双极性不归零码（双极性码）如图 2.16（c）所示，它用正电平代表二进制符号的"1"；负电平代表"0"，在整个码元时隙内电平维持不变。

双极性码的优点：当二进制符号序列中的"1"和"0"等概率出现时，序列中无直流分量；判决电平为 0，容易设置且稳定，抗噪声性能好；无接地问题。

缺点是序列中不含位同步信息。

4. 双极性归零码

双极性归零码如图 2.16（d）所示，代表二进制符号"1"和"0"的正、负电平在整个码元时隙持续一段时间之后都要回到 0 电平，同单极性归零码一样，也可用占空比来表示。

它的优缺点与双极性不归零码相同，但应用时只要在接收端加一级整流电路就可将序列变换为单极性归零码，相当于包含了位同步信息。

5. 差分码

在差分码中，二进制符号的"1"和"0"分别对应着相邻码元电平符号的"变"与"不变"，如图 2.16（e）所示。

因为差分码码型的高、低电平不再与二进制符号的"1"、"0"直接对应，所以即使当接收端收到的码元极性与发送端完全相反时也能正确判决，应用很广。在数字调制中被用来解决移相键控中"1"、"0"极性倒 π 问题。

差分码可以由一个模 2 加电路及一级移位寄存器来实现，其逻辑关系为 $b_i = a_i \oplus b_{i-1}$，a_i 为绝对码。

6. 数字双相码

数字双相码又称为分相码或曼彻斯特码，如图 2.16（f）所示。它属于 1B2B 码，即在原二进制一个码元时隙内有两种电平，如"1"码可以用"+−"脉冲表示，"0"码用"−+"脉冲表示。

数字双相码的优点：在每个码元时隙的中心都有电平跳变，因而频谱中有定时分量，并且由于在一个码元时隙内的两种电平各占一半，所以不含直流成分。缺点：传输速率增加了 1 倍，频带也展宽了 1 倍。

数字双相码可以用单极性码和定时脉冲模 2 运算获得。

7. CMI 码

CMI 码是传号反转码的简称，也可归类于 1B2B 码，CMI 码将信息码流中的"1"码用交替出现的"++"、"−−"表示，"0"码统统用"−+"脉冲表示，如图 2.16（g）所示。

CMI 码的优点除了与数字双相码一样外，还具有在线错误检测功能，如果传输正确，则接收码流中出现的最大脉冲宽度是一个半码元时隙。因此，CMI 码以其优良性能被原 CCITT 建议作为 PCM 四次群的接口码型，它还是光纤通信中常用的线路传输码型。

8. 密勒码

密勒（Miller）码也称为延迟调制码。它的"1"码要求码元起点电平取其前面相邻码元的末相，并且在码元时隙的中点有极性跳变（由前面相邻码元的末相决定是选用"+−"还是"−+"脉冲）；对于单个"0"码，其电平与前面相邻码元的末相一致，并且在整个码元时隙中维持此电平不变；遇到连"0"情况，两个相邻的"0"码之间在边界处要有极性跳变，如图 2.16（h）所示。

密勒码也可以进行误码检测，因为在它的输出码流中最大脉冲宽度是两个码元时隙，最小宽度是一个码元时隙。

因用数字双相码再加一级触发电路就可得到密勒码，故密勒码是数字双相码的差分形式，它能克服数字双相码中存在的相位不确定问题，而频带宽度仅是数字双相码的一半，常用于低速率的数传机中。

9. AMI 码

AMI 码是传号交替反转码，编码时将原二进制信息码流中的"1"用交替出现的正、负电平（+B 码、−B 码）表示，"0"用 0 电平表示。在 AMI 码的输出码流中总共有三种电平出现，但并不代表三进制，因此，它又可归类为伪三元码，如图 2.16（i）所示。

AMI 码的优点：功率谱中无直流分量，低频分量较小；解码容易；利用传号时是否符合极性交替原则，可以检测误码。

AMI 码的缺点：当信息流中出现长连"0"码时 AMI 码中无电平跳变，会丢失定时信息（通常 PCM 传输线中连"0"码不允许超过 15 个）。

10. HDB₃ 码

高密度双极性码的英文名称为 High Density Bipolar，三阶高密度双极性码通常简记为 HDB₃ 码。它改进了 AMI 码中对长连"0"个数无法限制的缺点，如图 2.16（j）所示。

HDB₃ 码编码规则如下：

当数码流中连"0"个数不超过 3 个时，按 AMI 码处理。

当数码流中连"0"个数达到 4 个时，将 0000 码用 000V 或 B′00V 代替，其中 B′ 和 V 为非"0"码（正负极性的 B′ 和 V 分别用 $B_+′$、$B_-′$、V_+、V_- 表示），称为取代码，并按以下规律处理。

① 凡出现 4 个或 4 个以上连"0"码时，从第一个"0"码起，每 4 个连"0"码为一组，称为四连零组。

② 将每个四连零组的第 4 个"0"用码值为"+1"或"−1"的取代码 V 代替，即为 000V 或 B′00V 型。

③ 保证相邻两个 V 码之间有奇数个传号。

若相邻两个 V 码之间已有奇数个传号时，用 000V 取代；若相邻两个 V 码之间有偶数个传号时，用 B′00V 取代。

④ V 码的极性与相邻的前一个传号（包括 B′）极性相同。相邻两个 V 码的极性正负交替，相邻两个 B 码（包括 B′）极性正负交替。

2.2.2 基带传输系统

1. 数字基带信号无码间干扰传输准则

数字信号的频带宽度是无限的，而这无限宽的信号通过有限的实际通道传输时，信号波形必然会产生失真。

设信道具有理想的低通特性，如图 2.17 所示。

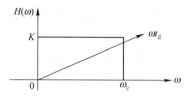

图 2.17　信道理想低通特性

其传递函数可表示为：

$$H(\omega) = \begin{cases} K \cdot e^{-j\omega t_d}, & \omega \leq \omega_c \\ 0, & \omega > \omega_c \end{cases} \qquad (2-9)$$

式中，t_d 是信号通过信道传输后的延迟时间；

　　　　ωt_d 表示信道的线性相移特性；

　　　　ω_c 是等效理想低通信道的截止频率；

　　　　K 是通带内传递函数，通常设 $K = 1$。

一个近似矩形的数字脉冲 $m(t)$，通过该理想低通滤波器后，可以证明，其响应时间波形如图 2.18 所示。

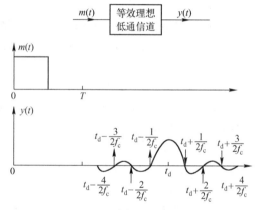

图 2.18　单个近似矩形脉冲的理想低通输出响应波形

从图 2.18 的波形中可以看出，理想低通输出的波形不仅在时间上产生了延迟，波形还产生了失真，即出现了很长的拖尾，其拖尾幅度随时间而衰减；另外，在 $t = t_d$ 时刻，信号幅度最大，在 $t = t_d \pm \dfrac{n}{2f_c}$（$n = 1, 2, \cdots$）处，波形出现零点。

将一随机序列输入等效理想低通滤波器进行传输，其输出响应是各输入信号响应之和。相邻两个近似矩形数字信号经过低通滤波器后，当 $T = \dfrac{1}{2f_c}$ 和 $T \neq \dfrac{1}{2f_c}$ 时的输出响应如图 2.19 所示。其中，T 为发送脉冲周期。

由图 2.19（a）可以看出，当 $T = \dfrac{1}{2f_c}$ 时，在 $t = T$ 处，a_1 有最大值，而 a_2 值为零；$t = 2T$ 时，a_2 有最大值，而 a_1 值为零，因此在 $t = T$ 或 $t = 2T$ 处判决时不存在码间干扰。由图 2.19（b）可以看出，$T \neq \dfrac{1}{2f_c}$ 时，在 $t = T$ 处，a_1 值最大，a_2 不为零，因此形成码间干扰。

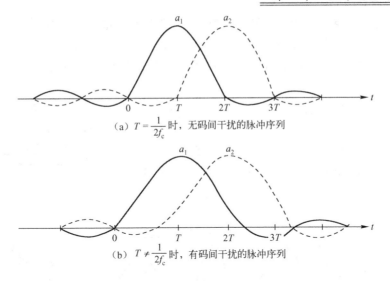

（a）$T = \dfrac{1}{2f_c}$ 时，无码间干扰的脉冲序列

（b）$T \neq \dfrac{1}{2f_c}$ 时，有码间干扰的脉冲序列

图 2.19　相邻两个近似矩形脉冲的理想低通输出响应波形

由此分析后得出结论，数字信号无码间传输准则为：数字脉冲的传输速率 f_b 是等效理想低通信道截止频率 f_c 的两倍，即以 $f_b = 2f_c$ 的速率传输数码信号时，可实现无码间干扰传输。

例如，传输速率为 2.048Mbp/s 的数字信号，理想情况下，要求最小的信道带宽为 1.024MHz。

实际中的传输网络不可能是理想低通，通常采用满足奇对称条件的滚降低通滤波器来等效理想低通，如图 2.20 所示。

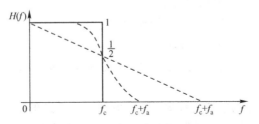

图 2.20　理想低通的滚降等效

图 2.20 中虚线特性表示滚降低通特性，$f_c + f_a$ 为滚降低通滤波器截止频率，其滚降特性用滚降系数 α 来表示：

$$\alpha = \frac{(f_c + f_a) - f_c}{f_c}$$

α 在 0～1 之间变化。当 $\alpha = 1$ 时，即 100% 滚降，此时称为滚降系数为 100% 的滚降滤波器。若取 $f_a = \dfrac{1}{2}f_c$，则可构成滚降系数为 50% 的滚降低通滤波器。

2. 眼图

衡量码间干扰的最直观方法是眼图。眼图是利用示波器显示波形的方法。示波器采用外同步方式，扫描周期为码元周期 T_B 或 T_B 的整数倍。由于示波器荧光屏的余辉作用，使多个波形叠加在一起，这样在荧光屏上显示出类似人眼的图形，故得名"眼图"。

当输出码间不存在码间干扰时，其理想眼图如图 2.21（a）所示。示波器同步周期取 $2T_B$，图中显示一个完全张开的"眼睛"，其特点是"眼睛"大而清晰。

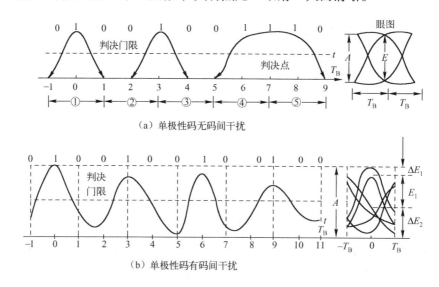

（a）单极性码无码间干扰

（b）单极性码有码间干扰

图 2.21　眼图

如果码间出现干扰，使眼图劣化，眼眶明显减小且模糊，如图 2.21（b）所示。可以看出，眼图的"眼睛"张开的大小反映了码间串扰的程度。眼图可以简化为一个模型，如图 2.22 所示。该图显示的特性如下：

① 最佳抽样判决时刻对应于眼睛张开最大的时刻。

② 判决门限电平对应于眼图的横轴。

③ 最大信号失真量即信号畸变范围，用眼皮厚度（图 2.22 中上下阴影的垂直厚度）表示。

④ 噪声容限是用信号电平减去眼皮厚度，它体现了系统的抗噪声能力。

⑤ 过零点畸变为压在横轴上的阴影长度，它会影响系统的定时标准（有些接收机的定时标准是由经过判决门限点的平均位置决定的）。

⑥ 对定时误差的灵敏度由斜边的斜率反映，越大灵敏度越高，对系统的影响越大。

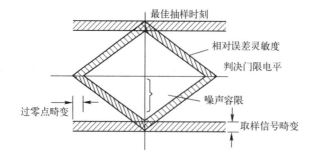

图 2.22　眼图的模型

2.2.3 再生中继系统

数字信号在信道中以基带方式传输时，由于信道不理想且存在噪声和干扰，使传输信号波形失真及信码幅度减小。随着传输距离的增加，这种影响越来越严重，当传输到一定距离后，接收端无法识别接收到的信码是"1"码还是"0"码，从而使通信无法进行，如图 2.23 所示。

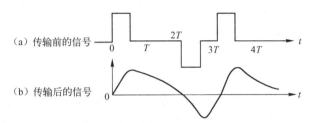

图 2.23 双极性数字脉冲序列经电缆传输后失真波形示例

为了延长通信距离，采用一定距离加一个再生中继器的方式对已经失真的信号进行再生，如图 2.24 所示。

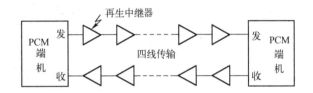

图 2.24 基带传输的再生中继系统

再生中继器方框图如图 2.25 所示。再生中继器由均衡放大、时钟提取和判决再生三部分组成。

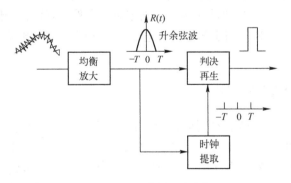

图 2.25 再生中继器方框图

① 均衡放大：均衡放大的任务是对收到的失真波形予以放大和均衡。

② 时钟提取：时钟提取的任务是从收到的信码流中提取时钟频率，得到与发端同频同相的时钟，以获得最佳判决的定时时钟。

③ 判决再生：判决再生的任务是对已均衡放大的信号进行抽样判决，并进行脉冲形成，形成与发端同形状的脉冲。

2.3　多路复用技术及30/32路PCM通信系统

为了提高通道的利用率，将多路信号沿同一信道进行互不干扰的传输，称为多路复用。多路复用有两种基本方式：频分多路复用和时分多路复用。按频率分割信号的方法称为频分复用（FDM），而按时间分割信号的方法称为时分复用（TDM）。FDM用于模拟通信，TDM用于数字通信，如PCM通信。

2.3.1　频分多路复用

在频分多路复用中，多路信号在频率位置上分开，同时在一个信道内互不干扰地传输，因此频分多路复用信号在频谱上不会重叠，而在时间上是重叠的。频分多路复用原理方框图如图2.26所示。

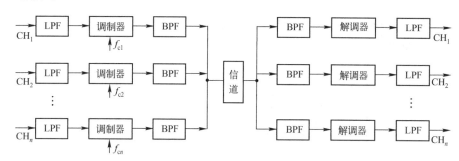

图2.26　频分多路复用原理方框图

由于消息信号往往不是严格的带限信号，因此在发送端首先将消息信号经过低通滤波器形成带限信号，再进行线性调制。为了避免它们的频谱互相交叠，再通过带通滤波器经叠加后送入信道。接收端首先用带通滤波器将各路信号分别取出，然后解调，经低通滤波器后输出。

频分多路复用被广泛地应用于长途载波电话、立体声广播、电视广播、空间遥测、卫星通信等方面。

2.3.2　时分多路复用

时分多路通信，是各路信号在同频信道上占用不同时间间隙进行通信，其频谱是重叠的，而时间是不重叠的。由前述的抽样定理可知，抽样的一个重要作用是，将时间上连续的信号变成时间上离散的信号。它在信道占用的时间是有限的，为多路信号沿同一信道传输提供了条件，即把时间分成一些均匀的时间间隙，将各路信号的传输时间分配在不同的时间间隙，以达到互相分开、互不干扰的目的。图2.27为时分多路复用示意图。

它是一个三路时分多路通信示意图。通话双方共有三对用户进行通话，而线路却只有一对，因此在收、发双方各加了一对快速旋转的电子开关SA和SA′，两个开关频率相同，初始位置相互对应。开始，SA和SA′停留在用户1和1′上，然后依次旋转到2和2′、3和3′，最后又回到用户1和1′上，如此反复。需要特别指出的是：双方多路复用能正常进行的关键是收、发双方同步动作，否则通信将无法正常进行。

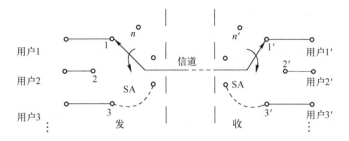

图 2.27 时分多路复用示意图

 ### 2.3.3 30/32 路 PCM 通信系统

1. 帧结构的概念

同一话路抽样两次的时间间隔或所有话路都抽样一次的时间称为帧长，用 T_s 表示。每个话路在一帧中所占的时间称为时隙，用 TS（Time Slot）表示。通常一个样值编为 n 位码，反映帧长、时隙、码位的位置关系时间图就是帧结构。下面介绍我国采用的 30/32 路 PCM 基群帧结构。

2. 30/32 路 PCM 基群帧结构

图 2.28 是 CCITT 建议 G.732 规定的 30/32 路 PCM 基群帧和复帧结构。

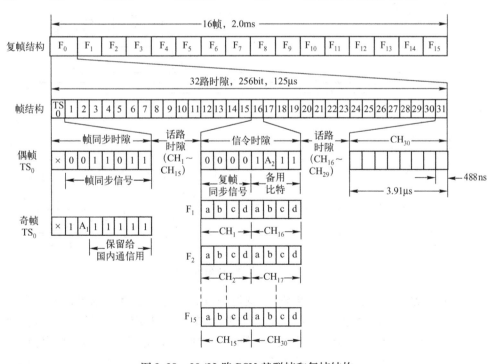

图 2.28 30/32 路 PCM 基群帧和复帧结构

① 在 30/32 路 PCM 通信系统中，帧长 $T_s=125\mu s$，即 $f_s=8000Hz$，每帧分为 32 个时隙，用 $TS_0 \sim TS_{31}$ 表示。其中，$TS_1 \sim TS_{15}$ 传送前 15 个话路的语音信号数字码，$TS_{17} \sim TS_{31}$ 传送后 15 个话路的语音信号数字码；TS_0 用于传送同步、监视、对端告警码组（简称为对告码）；TS_{16} 用于传送信令码。因为在 32 个 TS 中，只有 30 个 TS 用于传送语音信号，所以称为 30 话路 32 时隙，记为 PCM 30/32。

偶帧的 TS_0 用于传送帧同步码。其码型为 ×0011011，其中 × 留做国际通信用，不用时暂定为 1。

奇帧 TS_0 用于传送监视码、对告码等。码型为 ×1A_1SSSSS，其中 A_1 是对告端告警码。A_1 为 0 时，表示帧同步；A_1 为 1 时，表示帧失步。S 为备用比特，可用来传送业务码。不用时暂定为 1。×为国际备用码，不用时暂定为 1。

F_0 帧 TS_{16} 时隙前 4 位码为复帧同步码，其码型为 0000，作用为保证信令正确传送；$F_1 \sim F_{15}$ 帧的 TS_{16} 时隙用来传送 30 个话路的信令码。F_1 帧 TS_{16} 时隙前 4 位码用来传送第 1 路信号的信令码，后 4 位码用来传送第 16 路信号的信令码……直到 F_{15} 帧 TS_{16} 时隙前后各 4 位码分别传送第 15 路、第 30 路信号的信令码，这样一个复帧中各个话路分别轮流传送信令码一次。

② 数码率的计算。对数字电话，若 $f_s=8000Hz$，每个样值编 8 位码，则 $f_b=8000 \times 8 = 64kbps$。

在 30/32 路 PCM 基群中，$f_b=32 \times 8000 \times 8 =2048kps =2.048Mps$。

PCM 30/32 路端机方框图如图 2.29 所示。

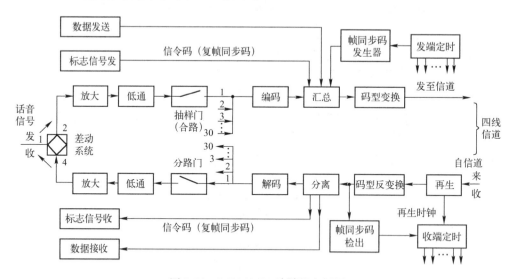

图 2.29　PCM 30/32 路端机方框图

在发送端，经放大（调节语音电平）、低通滤波、抽样、合路和编码，编码后的 PCM 码、帧同步码、信令码、数据信号码在汇总电路里按 PCM 30/32 路系统帧结构排列，最后经码型变换成适宜于信道传输的码型送往信道。接收端首先将接收到的信号进行整形、再生，然后经码型反变换，恢复成原来的码型，再由分离电路将 PCM 码、信令码、帧同步码数据信号码分离，分离出的话路信码经解码、分路门恢复出每一路的 PAM 信号，然后经低通平滑，恢复成每一路的语音模拟信号，最后经放大、差动变量器 4～1 端送至用户。

2.3.4　30/32 路 PCM 基群端机的定时与同步系统

数字时分复用系统要有一套严格的定时系统。在发送端，定时系统控制话路按照一定时间顺序抽样，每一个样值又按一定的时间顺序编 n 位码，最后将不同话路的编码同步、监视对告码组，话路信令码按一定的时间顺序结合成综合性数字码流进行发送。在接收端，也要靠定时系统来实现完全相反的变换，同时为保证收、发端协调一致的工作，还需要同步系统。因此，可以说定时与同步系统是 30/32 路 PCM 基群端机的控制和指挥系统，是通信机的"心脏"，它控制整个通信系统有条不紊地工作。

1. 定时系统

定时系统包括发定时系统和收定时系统，它产生数字通信系统中所需的各种定时时钟。定时系统包括系统的主时钟、供抽样和分路用的路时钟、供编码和解码用的位脉冲、供信令用的复帧脉冲等。

发端定时系统如图 2.30 所示。

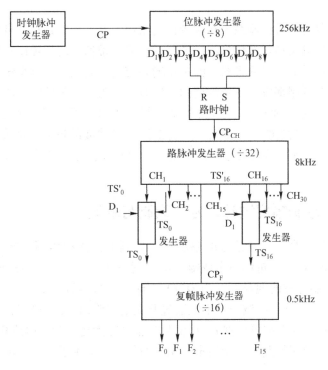

图 2.30　发端定时系统

主时钟脉冲发生器采用晶体振荡电路用于提供稳定的时钟信号。30/32 路 PCM 系统主时钟 f_{cp}=8000×8×32 =2048kHz。位脉冲经主时钟 8 分频得到，其频率为 2048kHz/8 = 256kHz。路脉冲由位脉冲 32 分频得到。频率为 256kHz/32 =8000Hz。复帧脉冲是用来传递复帧同步码和 30 个话路的信令码，其频率为 8kHz/16 =0.5kHz，经路脉冲 16 分频得到。

收端定时系统的构成和发端定时系统构成基本相同。不同的是在 PCM 通信系统中，要求收端主时钟频率与发端主时钟频率完全一致，即时钟同步，因此收端主时钟是从对端信码流中提取出来的。

2. 同步系统

同步包括位同步、帧同步和复帧同步。

位同步也称为时钟同步，其含义是收、发双方时钟频率必须同频、同相，这样接收端才能正确接收和判决。为了实现时钟同步，收信端的主时钟是从发端送来的信码流中提取出来的，因此要求传输码型中应含有发送端的时钟频率成分。

帧同步是为了保证收、发各对应的话路在时间上保持一致。

复帧同步保证各路信令的正确传送。帧同步和复帧同步的实现方法很相似，都是在发送端固定的时间位置上插入特定的码组，即同步码组，在接收端加以正确识别。

2.4 数字信号的频带传输

数字传输系统分为基带传输系统和频带传输系统。基带传输是指基带信号直接在信道上传输的方式。频带传输是指基带信号经过调制后，将基带信号的频带搬移到适合在信道传输的频带上，然后在信道上传输的方式。频带传输系统也称为数字调制系统。

数字调制与模拟调制都属于正弦波调制，即载波均为高频正弦波，所不同的是数字调制的调制信号是数字信号，而模拟调制的调制信号是模拟信号。数字调制过程可用键控法（即相当于电键开关控制的方法）实现，由基带信号对载波的振幅、频率及相位进行调制，得到三种最基本的数字调制方式：幅度键控（ASK）、移频键控（FSK）及移相键控（PSK）。

2.4.1 二进制幅度键控信号的调制与解调

用基带数字信号对高频载波信号的幅度进行控制的方式称为幅度键控，也称为数字调幅，简记为 ASK。2ASK（二进制数字调幅）的实现方法如图 2.31（a）所示。它利用二进制数字信号 $D(t)$ 控制开关的通与断。当 $D(t)$=1 时，开关接通，载波信号通过开关电路输出；$D(t)$=0 时，开关断开，载波信号不能通过开关电路输出，即输出为零。$f_m(t)$ 输出波形如图 2.31（b）所示。收信端可根据 $f_m(t)$ 信号的幅度有无还原为 1 码或 0 码的原基带信号。这种调制方法虽然在数字调制中出现最早、实现最简单，但由于它抗噪声能力较差，所以在数字通信中用得不多。

2ASK 信号的解调，可以用相干解调或非相干解调（包络检波）实现，相干解调和非相干解调原理框图如图 2.32 所示。与模拟信号的解调不同的是，在解调数字信号的电路中，要设置抽样判决器。

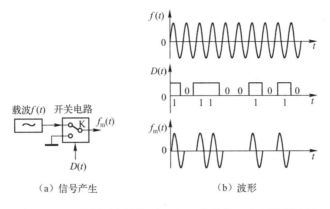

（a）信号产生　　　　　　　　　　（b）波形

图 2.31　二进制幅度键控（2ASK）信号的产生及波形示例

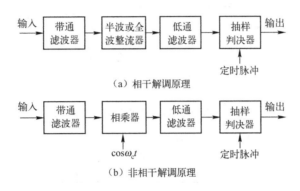

图 2.32　2ASK 信号解调

2.4.2　二进制移频键控信号的调制与解调

用基带数字信号对高频载波信号的频率进行控制的方式称为移频键控，也称为数字调频，简记为 FSK。二进制数字调频（2FSK）的实现方法如图 2.33（a）所示。高频载波信号有两个 $f_1(t)$ 和 $f_2(t)$，两者频率分别为 f_1 和 f_2。当数字信号 $D(t)=1$ 时，开关电路输出 $f_1(t)$；当数字信号 $D(t)=0$ 时，开关电路输出 $f_2(t)$，从而将二进制的数字信号转换为两个不同频率的载频信号。$f_m(t)$ 输出波形如图 2.33（b）所示。收信端可根据收到的信号频率 f_1 或 f_2 还原为 1 码或 0 码的原基带信号。这种调制方式简单，抗干扰能力强，但占用频带宽。

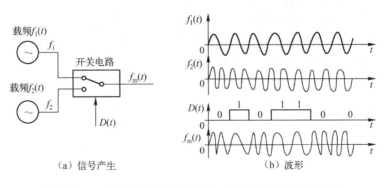

（a）信号产生　　　　　　　　　　　（b）波形

图 2.33　二进制移频键控（2FSK）信号的产生及波形示例

2FSK 信号的解调借用了 2ASK 信号的解调电路，所以也有相干解调和非相干解调两种方式，如图 2.34（a）、图 2.34（b）所示。

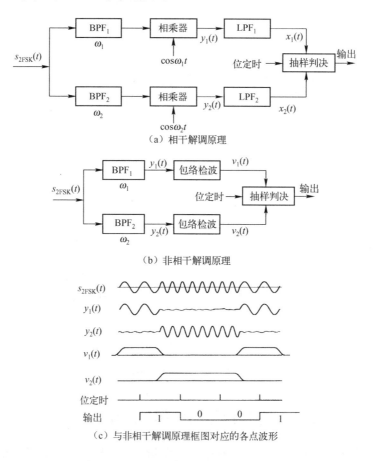

（a）相干解调原理

（b）非相干解调原理

（c）与非相干解调原理框图对应的各点波形

图 2.34　2FSK 系统解调原理框图及波形

考虑到成本等综合因素，在 2FSK 系统中也很少使用相干解调。以图 2.33（b）非相干解调原理框图为例，画出了各点波形，如图 2.33（c）所示。图中的抽样判决电路是一个比较器，在判决时刻对上下两支路低通滤波器送出的信号电平进行比较，如果上支路输出的信号大于下支路，判为"1"码；反之，判为"0"码。

解调 2FSK 信号还可以用鉴频法、过零检测法及差分检波法等。

过零检测法的基本思想是，利用不同频率的正弦波在一个码元间隔内过零点数目的不同，来检测已调波中频率的变化，其波形如图 2.35 所示。

在图 2.35 中，限幅器将接收序列整形为矩形脉冲，送入微分整流器，得到尖脉冲（尖脉冲的个数代表了过零点数）。因为在一个码元间隔内尖脉冲数目的多少直接反映着载波频率的高低，所以只要将其展宽为具有相同宽度的矩形脉冲，经低通滤波器滤除高次谐波后，两种不同的频率就转换成了两种不同幅度的信号（见图中 f 点的波形），送入抽样判决器即可恢复原信息序列。

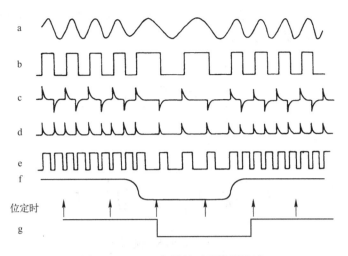

图 2.35　2FSK 信号的过零检测波形

2.4.3　二进制移相键控信号的调制与解调

用基带数字信号对高频载波信号的相位进行控制的方式称为移相键控，也称为数字调相，简记为 PSK。二进制数字调相（2PSK）的实现方法如图 2.36（a）所示。当 $D(t)=1$ 时，$f(t)$ 通过开关直接输出；$D(t)=0$ 时，$f(t)$ 经反相器反相输出。若 $f(t)$ 的初始相位为 0°，则输出 $f_{\mathrm{m}}(t)$ 的波形如图 2.36（b）所示。收信端可根据收到信号相位的不同还原为原基带信号。这种以载波的不同相位直接表示相应数字信息的相位键控，通常称为绝对移相方式。

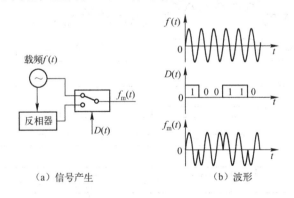

（a）信号产生　　　　　　　　（b）波形

图 2.36　二进制移相键控（2PSK）信号的产生及波形示例

采用绝对移相方式时，由于发送端是以某一相位作为基准，所以在接收端也必须有这样一个固定的基准相位作为参考。如果参考相位发生变化，则恢复的数字信息就会发生错误，从而造成错误的接收。如上述信号，若参考相位由 0° 变为 π 后，接收的信息就会变为 011001。为解决绝对调相的问题，常用相对移相方式，简记为 DPSK。

相对调相是利用载波信号的相对相位关系表示数字信号的 1 或 0，其参考相位是相邻的前一个码元的相位，而不是以固定的相位作为参考。二进制相对调相信号波形如图 2.37 所示。当 $D(t)=1$ 时，载波信号相位相对于前一个码元相位变化 180°；当 $D(t)=0$ 时，载波信号相位相对于前一个码元相位不变。收信端可根据收到的前后码元信号相位的变化情况进行比较后恢复成原来的二进制基带信号。因为 DPSK 在抗噪声性能及相对频带利用率方面比 FSK 优越，所以广泛用于数字通信中。

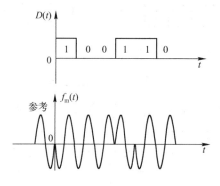

图 2.37　2DPSK 波形示例

2DPSK 信号的解调有两种方案。

① 在 PSK 相干解调电路抽样判决器的后面加差分译码（以抵消在调制器输入端差分编码的影响），解调电路及各点波形如图 2.38 所示。由图可见，经差分译码后恢复的原数据序列中不存在倒相问题。

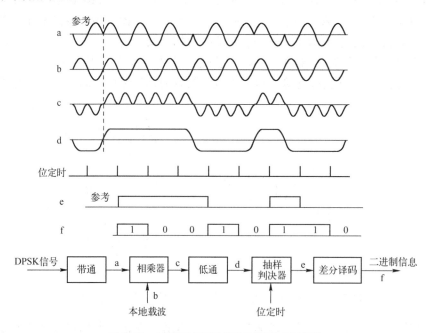

图 2.38　2DPSK 相干解调原理框图及波形

② DPSK 解调的另一方案是差分相干解调，它将 DPSK 接收信号与自身延时一个码元间隔后的信号按位相乘。相乘结果反映了前后码元的相对相位关系，经低通滤波后再抽样判决就可直接恢复出原信息序列。差分相干解调原理框图及各点波形如图 2.39 所示。图中抽样判决器的判决原则：抽样值大于 0 时判 "0"，抽样值小于 0 时判 "1"。

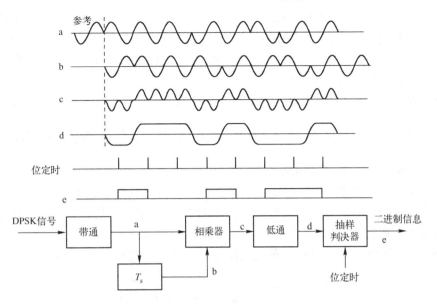

图 2.39 DPSK 差分相干解调原理框图及波形

比较这两种解调方案，它们的解调波形虽然一致，都不存在相位倒置问题，但差分相干解调电路中不需要本地参考载波和差分译码，是一种经济可靠的解调方案，得到了广泛的应用。需要注意的是，调制端的载波频率应设置成码元速率的整数倍。

2.4.4 正交移相键控（QPSK）

为了减少传输信号的频带，提高频带利用率，在工程中常采用 QPSK 信号。

QPSK（Quadrature PSK，正交移相键控）又称为四相键控（4 - PSK），它是用载波的四种相位状态对应两位二进制信息码的组合，即 00、01、10 和 11。QPSK 可看成是载波相互正交的两个 2PSK 信号之和。

QPSK 有两种系统，一种是已调波相位 ϕ_i 取为 $\pi/2$ 的整数倍，即 ϕ_i 与二进制信息的对应关系为 0°→00、90°→01、180°→11、270°→10，称为 $\pi/2$ 系统的 QPSK；另一种是已调波相位 ϕ_i 取为 $\pi/4$ 的奇数倍，即 ϕ_i 与二进制信息的对应关系为 45°→00、135°→01、225°→11、315°→10，称为 $\pi/4$ 系统的 QPSK。QPSK 调制器原理电路及其相位如图 2.40 所示。

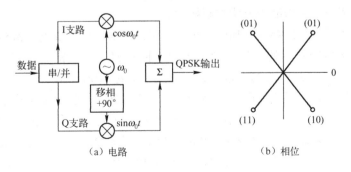

图 2.40 QPSK 调制器原理电路及相位

由图 2.40 可以看出，基带码元经串并转换电路之后分成两个支路，每个支路再分别按 2PSK 的方式进行调制。但两个支路的相位不同，它们互为正交，即相位相差 90°。一个称为同相支路，即 I 支路；另一个称为正交支路，即 Q 支路。两个支路分别调制后，再将调制后的信号合并相加就得到了 QPSK。

由于 QPSK 调制方法比较兼顾功率效率和频谱效率，因此目前多用于卫星系统中。

2.4.5　最小频移键控（MSK）和高斯最小频移键控（GMSK）

MSK 是一种能够产生恒定包络，连续相位信号的调制，称为最小频移键控，是 2FSK 的一种特殊情况，它具有正交信号的最小频差，在相邻符号交界处相位保持连续。MSK 占用的带宽较宽，不适合宽带传输，因此在信道间隔较小的情况下，邻道干扰要求较高时，MSK 不能满足要求，通常采用 GMSK 调制。

GMSK 是一种提高 MSK 性能的简便调制技术，其框图如图 2.41 所示。

图 2.41　GMSK 形成示意图

GMSK 在 MSK 之前，增加一次滤波后再进行 MSK 调制。经高斯滤波器后形成的高斯脉冲包络无陡峭边沿，基带波形的相位连续性得到了进一步提高，波形更加平滑，相邻信道干扰进一步降低，适用于窄带的移动通信中。

在实际的数字移动通信（GSM）中所采用的调制方式 GMSK 是通过在载波频率上增加或减少 67.708kHz 来表示“0”和“1”的，其数据比特率被选择为正好是频偏的 4 倍，这可以减小频谱的扩散，增加信道的有效性。

GMSK 已确定为欧洲第一代移动通信的标准调制方式。

2.5　误码检测及纠正技术

数字信号在信道传输时，由于信道内存在噪声和信道特性的不理想及外界干扰，都可能造成误码。误码会使通信质量下降，严重时会使通信中断，因此，提高通信的可靠性，使误码的指标达到高要求，须借助于差错控制技术。

差错控制是指设法找出差错并加以纠正，以保证通信质量。找出差错称为检错，校正差错称为纠错。差错控制常用的方法有忽略差错、回程校验、检错重发方式（又称 ARQ 方式）、前向纠错（又称 FEC 方式）、混合纠错方式（又称 HEC 方式）。

差错控制的核心是抗干扰编码（或称为差错纠正编码）。它的基本思想是通过对信息码序列做某种变换（如加入一定的多余码元），使原来彼此独立、没有相关性的信息码元序列经过变换后，产生某种规律，从而在接收端有可能根据这种规律性进行检查，以检测或纠正传输序列码中的差错。常用的差错控制编码有奇偶校验码、二维奇偶校验码、定比码、正反码、线性分组及卷积码等。

奇偶校验码是在每一个代码后附加一位“1”或“0”的奇偶监督码。对于奇校验，是在加入监督码后使每个代码中的"1"的个数为奇数个；而对于偶校验，是在加入监督码后使每个代码中的"1"的个数为偶数个。

二维奇偶校验码又称为方阵码，它是垂直奇偶校验与水平奇偶校验的组合。这种码是将若干码字排列成矩阵，在每行和每列的末尾均加监督码（奇监督或偶监督）。

定比码是指代表一个码字的编码中的"0"码元和"1"码元的个数为一定比例。这种码的检错能力较好，但无法纠错。

正反码是一种简单的能够纠错的码。这种码的监督码数目与信息码数目相同，监督码的编码规则为：当信息码有奇数个"1"时，则监督码是信息的重复，如信息码为 10101，编码后的码字为 1010110101；当信息码有偶数个"1"时，则监督码是信息的反码，如信息码为 11011，编码后的码字为 1101100100。

线性分组码的构成是将信息码序列划分为等长（k 位）的序列段，在每一信息段之后附加 r 位监督码构成长度为 $n = k + r$ 位的分组码。

卷积码是一种连续处理信息序列的编码方式。一个码字的监督码元不仅与本码字的 k_0 位信息位有关，而且与前 $m-1$ 个码字的信息元有关，各个码字之间是相互关联的，每连续 m 组码字关联在一起确定码的编码规律。

本章小结

本章主要讨论了语音信号数字化——PCM 的基本原理和实现数字信号无失真传输的条件，介绍了多路复用的概念和 30/32 路 PCM 通信系统，以及各种数字调制方式。

要对语音信号进行数字传输，首先必须在发端对语音信号进行数字化处理，这一过程称为 A/D 变换（模/数变换）；在收端要进行相应的变换，即 D/A（数/模）变换。要实现 A/D 变换，就要对语音信号进行抽样、量化、编码。以抽样定理作为依据，将模拟信号每隔一段时间取一个样值，使模拟信号在时间上离散。抽样定理的含义为抽样信号 $s(t)$ 的重复频率必须不小于模拟信号最高频率的两倍，即 $f_s \geq 2f_m$。通过量化再将时间上离散的信号变为幅度上也离散的信号，即 PCM 信号。量化又分为均匀量化和非均匀量化。均匀量化的量化级差是均匀的，其信噪比的特点是：码位越多，信噪比越大；在相同码位的情况下，大信号时信噪比大，小信号时信噪比小。为了解决大信号时信噪比大，小信号时信噪比小这一矛盾，采用了非均匀量化。非均匀量化是对大信号采用大量化级差，对小信号采用小量化级差，具体实现是在发端对模拟信号进行压缩处理后再进行均匀量化编码，在收端将线路送来的信号解码后再进行压缩的反过程处理，即扩张。在实际应用中，量化和编码是同时完成的。编码器通常采用逐次反馈编码技术。

信号在非理想信道中传输会产生失真，还会受到各种噪声的干扰。因此，对传输系统的基本要求是不失真的传输。对于数字传输系统，所传输的数字方波信号频谱是非常宽的（理论上可认为 0～∞），这样无限带宽的信号在经过带宽有限的实际信道时，必然会产生失真。为此，在数字传输系统中采用了再生中继技术，对数字再生中继传输系统的要求是信号在判决时间应无码间干扰。

为了扩大传输容量和提高传输效率，在数字通信中还采用了时分多路复用（TDM）的传输方式。时分多路复用是指在一条信道上，多路信号以时间分割的方式互不干扰地传输。

目前，世界上的数字时分复用系统主要有北美、日本的 24 路 PCM 系统和欧洲、我国的 30/32 路 PCM 系统。

为了实现正确的通信，在多路复用系统中要求有一套严格的定时与同步系统，以保证收发双方的协调工作。

数字调制是数字通信系统的基本组成部分，它对系统的性能有重要的影响。数字调制是用基带数字信号控制载波参量，即所谓的键控方法。根据对载波不同参量的控制，数字调制分为数字调幅（ASK）、移频键控（FSK）和移相键控（PSK）。幅度键控是将全部的调制信息携带于载波上来进行信息传输的，频率键控是利用载波的不同频率代表不同的数字符号来进行信息传输的，相位键控是利用同一载波的不同相位变化来代表数字信息的。

在数字通信中，为了抵抗信道中存在的噪声和干扰，减少所传数字信号的差错，采用了差错控制——纠错编码技术。

？思考题与习题

2.1　在数字通信中，为什么要进行抽样和量化？

2.2　抽样后的模拟信号包含哪些频率成分？如果模拟信号的频带为 60～1300Hz，其抽样频率 f_s 是多少？请写出抽样后频谱中前七项的频率范围。

2.3　对 $n = 10$ 位的均匀码，当要求信噪比不低于 26dB 时，允许信号动态范围为多少？

2.4　对 $n = 10$ 位的均匀码，当要求信号的动态范围为 40dB 时，最低信噪比为多少？是否满足要求？

2.5　对于均匀量化编码，若信号幅度 U_m 小 1 倍，信噪比变化多少？

2.6　在 A 律 13 折线中的 8 个段落的量化级之间存在什么关系？最大量化级是最小量化级的多少倍？

2.7　某设备按 A 律 13 折线进行编码，已知未过载电压的最大值 $U = 4096\text{mV}$，Δ 和 δ_4 应选多少 mV？

2.8　已知取样脉冲的幅度为 $+137\Delta$，试利用逐次反馈型编码器将其进行 A 律 13 折线压缩 PCM 编码，并计算收端的量化误差。

2.9　收端解码器和本地解码器有哪些异同？

2.10　选择线路码流，应考虑哪些问题？

2.11　从传输角度考虑，AMI 码有何特点？

2.12　设 NRZ 码为 0100001000000001100000，请画出相应的 AMI、HDB$_3$、CMI 和 DMI 码的波形。

2.13　码间干扰是如何形成的？

2.14　无码间干扰传输的条件是什么？

2.15　以理想低通特性传输 PCM 30/32 路基带信号时所需的信道传输带宽为多少？如以滚降系数 $\alpha = 50\%$ 的滚降特性传输时，所需带宽为多少？

2.16　再生中继系统包括哪些部分？其作用分别是什么？

2.17　什么是频分多路复用？其特点是什么？

2.18　画出立体声调频广播信号的频谱，说明各频率段所传送的信号。

2.19 时分多路复用与频分多路复用有什么不同？

2.20 30/32 路 PCM 的帧长、路时隙宽、比特宽、数码率各为多少？写出它们之间的关系。第 n 路样值开始编码至第 $n+1$ 路样值开始编码之间共有多少比特？

2.21 30/32 路 PCM 设备的同步、监视、对告码组是如何安排的（码型、时隙、重复周期）？

2.22 在数字时分复用系统中，为什么要有定时与同步系统？定时与同步系统的作用是什么？

2.23 在发定时系统中包括哪些时钟？说明各自的作用。

2.24 说明位同步、帧同步和复帧同步的含义。

2.25 什么是数字调制？与模拟调制比较有何区别？

2.26 数字调制方式有哪些？

2.27 设信息码为 0110111000110，试分别画出其 ASK、FSK、PSK、DPSK 的波形。

2.28 试说明调制解调器的结构及总体功能。

2.29 什么是差错控制？常用的差错控制方法有哪些？

2.30 某一数字系统的抗干扰编码码型为字长等于 8 的正反码，若接收到的码组为 10101110，其中是否有错误？错在哪一位？

第3章 光纤通信

3.1 概述

光纤（Optical Fiber）全称为光导纤维，它是一种能够通光的直径很细的透明玻璃丝，是一种新的传输介质。光纤通信是以光波为载波，以光导纤维为传输媒质的激光通信，即将要传输的电话、电报、图像、数据等信号先变成光信号，再经由光纤进行传输或在本地进行光交换的一种通信方式。

随着科学技术的迅速发展，人们对通信的要求越来越高。为了扩大通信的容量，有线通信从明线发展到电缆，无线通信从短波发展到微波和毫米波，它们都是通过提高载波频率来扩大通信容量的。由于光纤中传输的光波要比无线电通信使用的频率高得多，所以其通信容量就比无线电通信大得多。因此，光纤通信技术近年来发展速度之快、应用之广是通信史上罕见的。可以说，这种新兴技术是世界新技术革命的重要标志，又是未来信息社会中各种信息网的主要传输工具。

3.1.1 光波的波段划分

光波是人们最熟悉的电磁波，其波长在微米级，频率为 $10^{14} \sim 10^{15}$ Hz 数量级。由图 3.1 可以看出：紫外线、可见光、红外线均属于光波的范畴。目前光纤通信所使用的波长范围是

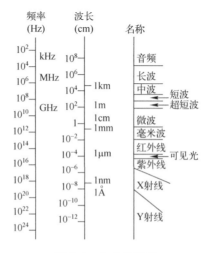

图 3.1 电磁波频谱

在近红外区，即波长在 $0.8 \sim 1.8\mu m$。其中，$0.8 \sim 0.9\mu m$ 称为短波长，$1.0 \sim 1.8\mu m$ 称为长波长。目前，光纤通信所采用的三个实用的通信窗口是短波长段的 $0.85\mu m$、长波长段的 $1.31\mu m$ 和 $1.55\mu m$。

光纤通信与电通信方式的主要区别如下：一是以很高频率的光波作为载波传输信号，二是用光导纤维构成的光缆作为传输介质。因此，在光纤中起主导作用的是产生光波的激光器和传输光波的光导纤维。

半导体激光器的发光面积很小，它输出稳定且方向性极好的激光，激光可以运载巨大的信息量。

光纤是一种介质光波导，具有把光封闭在其中并沿轴向进行传播的导波结构。它由直径约为 $0.1mm$ 的细玻璃丝构成。

光纤通信之所以能够飞速发展，是由于它具有以下突出优点。

1. 传输频带宽、通信容量大

由信息理论可知，载波频率越高，通信容量越大。因目前使用的光波频率比微波频率高 $10^3 \sim 10^4$ 倍，所以通信容量约可增加 $10^3 \sim 10^4$ 倍。光纤通信更适合高速、宽带信息的传输，能在高速通信干线以及宽带综合业务通信网中发挥作用。

2. 损耗低、中继距离远

目前，实用的光纤均为 SiO_2（石英玻璃）。要减少光纤的损耗，主要是靠提高玻璃纤维的纯度来达到。由于目前制造的 SiO_2 介质的纯净度极高，所以光纤的损耗极低。在光波长为 $\lambda = 1.55\mu m$ 附近，衰减有最低点，可低至 $0.2dB/km$，已接近理论极限值。

由于光纤的损耗低，因此，中继距离可以很长，在通信线路中可减少中继站的数量，降低成本且提高了通信质量。例如，400Mbps 速率的信号，光纤通信系统已达到了 100km 以上的无中继传输距离，然而，同样速率的同轴电缆通信系统，无中继传输距离仅为 1.6km 左右。

3. 抗电磁干扰能力强、无串话

任何一种信息传输系统都应具有一定的抗干扰能力，否则就无实用意义。目前，存在很多对通信的干扰，如雷电干扰、各种工业干扰、无线电通信的相互干扰等，这些干扰都是现代通信必须解决的问题。由于光纤是由纯度较高的二氧化硅材料制成的，是不导电和无电感的，因此，它不受电磁干扰，可用于强电磁干扰环境下的通信。因此，在光缆通信中常见的串话现象，在光纤通信中就不存在。同时，在光纤中传输的光波不会干扰其他的通信设备或测试设备。

4. 保密性强

光纤内传播的光能几乎不辐射，因此很难窃听，也不会造成同一光缆中各光纤之间的窜扰。

5. 资源丰富、节约有色金属和原材料

现有的通信线路是由铜、铝、铅等金属材料制成的，但从目前的地质调查情况来看，世

界上的铜储藏量不大，有人估计，按现有的开采速度只能再开采 50 年；而光纤的原材料是石英，储藏量非常大。而且，用很少的原材料就可以拉制很长的光纤。随着光纤通信技术的推广应用，将会节约大量的有色金属材料，对合理地使用地球资源有一定的战略意义。

6. 线径细、重量轻

由于光纤的直径很小，只有 0.1mm 左右，因此制成光缆后，直径比电缆小，而且重量也轻。这样，在长途干线或市内干线上，空间利用率高，而且便于敷设。

7. 容易均衡

在电信通信中，信号的各频率成分的幅度变化是不相等的，频率越低，其幅度变化越小；频率越高，其幅度变化越大，这对信号的接收极为不利。为了使各频率成分都受到相同幅度的放大处理，就必须采用幅度均衡。光纤通信则不同，在光纤通信的运用频带内，光纤对每一频率的损耗都是相等的，在一般情况下，不需要在中继站和接收端采取幅度均衡措施。

光纤通信除上述主要优点之外，还有抗化学腐蚀等优点。光纤的缺点有光纤质地脆、机械强度低，要求较好的切断、连接技术，分路、耦合比较麻烦等。但这些问题随着技术的不断发展，都是可以克服的。

 ## 3.1.2 光纤通信系统的基本构成

目前实用的光纤通信系统，普遍采用的是数字编码强度调制——直接检波通信系统。光纤通信系统的基本组成如图 3.2 所示。

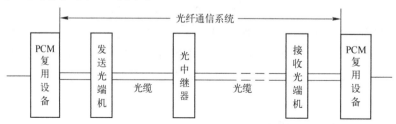

图 3.2 光纤通信系统的基本组成

所谓强度调制，是指用被传输的电信号直接调制光源的光强（光强指单位面积上的光功率），使之随信号电流做线性变化。直接检波是指信号在接收机的光频上检测为电信号。

图 3.2 中，PCM 多路复用设备送出脉冲编码调制信号。

发送光端机将发送的电信号转换成光信号，然后将光信号耦合到光纤或光缆中传输。发送光端机主要由驱动器和光源组成。光源采用 LD（半导体激光器）或 LED（半导体发光二极管）。LD 发出的是激光，LED 发出的是荧光。

接收光端机将接收到的光信号转换成电信号。它由两部分构成：光检测器和放大电路。在光纤通信中，常用半导体光电二极管（PIN）和雪崩光电二极管（APD）作为光检测器，前者无增益，而后者有增益。

光缆的作用是将光定向传输到接收端，完成信息传输任务。

光中继器主要由光检测器、判决再生和光源组成，它兼有接收、发送光端机两种功能。光信号经光纤或光缆的长距离传输后，光能量被衰减，波形发生畸变。为了保证通信质量，光中继器将收到的微弱光信号变换成电信号，经过判决再生处理后，又驱动光源产生光信号，将光信号耦合到光纤或光缆线路中继续传输。因此，光中继器的作用有两个：一个是补偿受到损耗的光信号，另一个是对已经失真的信号进行整形。

需要指出的是，在光纤通信中，必须考虑传输码型。由数字光纤通信系统的基本组成可知，首先要将 PCM 多路复用设备送出的电信号（即脉冲编码调制信号）转换为光信号，然后再进行传输。

在 PCM 中所采用的数字信号并不适于在光纤中传输，其原因如下。

① CCITT 建议，PCM 通信系统与光纤通信系统的接口码型是 HDB$_3$ 码或 CMI 码。HDB$_3$ 码有 +1、0、−1 三种状态；而在光纤通信系统中，由于光源只有发光和不发光两种状态，没有发负光状态，所以 HDB$_3$ 码不适于在光纤通信系统中传输，因此必须将 HDB$_3$ 码变换为单极性 0、1 码，但又要保证解码后的码型仍具有误码检测等能力，就必须重新编码。

② 在光线路中，除传送主信号外，还需要传送许多辅助信号，如监控信号、区间通信信号、公务通信信号、数据通信信号等。为此，要在原码速基础上，提高码速，增加信息冗余度。具体做法是在原有码流中插入脉冲，这也需要重新编码。

在光纤通信中常用的线路码型很多，大体上可分为两类：$mBnB$ 码和插入比特码。

① $mBnB$ 码。$mBnB$ 码又称为分组码，它是将输入码流中每 m 比特码归为一组，然后变换为 n 比特（$n > m$），由于变换后码组的比特数比变换前大，致使变换后的码流有了"富裕"，因此在码流中除了可传送原来信息外，还可传送与误码检测有关的信息。

在光纤通信中常用的是 5B6B 码，即将信码流中每 5 位码元分为一组，每组再编为 6 位码。这种编码通过在 $2^6 = 64$ 种 6 位码中适当选中 $2^5 = 32$ 种 5 位码组分别代表不同的信息内容，使其具有一定的误码检测能力，适合在光纤中传输。

② 插入比特码。这种码型是将信码流中每 m 比特划为一组，然后在这一组的末尾插入一位具有一定功能的比特码。根据所插入码的功能不同，这种码型又可分为以下三种形式。

- $mB1P$ 码：这种码在每 m 比特后插入一个奇、偶校验码，称为 P 码。当 m 位码内的"1"的个数为奇数时，插入 P 码为"1"，把原码校正为偶数码；当 m 位码内的"1"的个数为偶数时，插入 P 码为"0"，保持原码为偶数码。当然，也可采取保持每个码组内"1"的个数为奇数的方式。

现以每个码组内"1"的个数是偶数为例，列举 8B1P 码型如下：

$$\cdots | 11010100\underset{P}{1}1 | 00010010\underset{P}{0} | 11110100\underset{P}{1} | \cdots$$

可以看出，P 码的作用是保证每个码组内"1"的个数为偶数（或奇数），这样可通过检测每组码流中"1"码的奇偶情况来进行误码检测。

- $mB1C$ 码：这种码在每 m 比特后插入一个补码（又称为反码），即 C 码。当第 m 位码为"1"时，则补码 C 为"0"；反之则为"1"。例如，8B1C 码型如下所示。

$$\cdots | 11010100\underset{C}{1}0 | 0001001\underset{C}{0}1 | 1111010\underset{C}{0}1 | \cdots$$

- $mB1H$ 码：这种码在每 m 比特后插入一个混合码，称为 H 码。H 码实际上是由 P 码、C 码和用于监督、公务、区间通信的插入码混合组成的码。

3.1.3 光纤通信的发展

光纤通信是于 20 世纪 70 年代发展起来的一种新型通信方式，在短短的时间里，光纤已从 0.85 μm 短波长多模光纤发展到 1.3 ~ 1.55 μm 长波长单模光纤，并开发出许多新型光电元器件，激光器寿命达到数十万小时。其发展速度是十分惊人的，远远超出了人们的预想。

1983 年，日本建成了一条从北海道至冲绳岛的纵贯南北的光缆干线，全长为 3400 km，采用了 24 芯单模光纤，传输速率为 400 Mbps。同时，美国也在东西海岸各敷设了一条光缆干线，长度分别为 600 km 和 270 km，芯数为 144 芯；在 1985 年敷设了 2000 km 的南北干线，增设了总长为 50000 km 的光缆，把美国的 22 个州用光缆连了起来，形成了长途光缆干线网。随后，法国、英国、德国、加拿大等国也相继建成了多条长距离光缆系统。

随着光纤技术的日渐成熟，光缆通信线路又从陆地敷向海底。美、日、英等国联合建设的太平洋光缆，连接美国、日本、澳大利亚和新西兰，全长为 8300 km，传输速率为 840 Mbps，由美、英、法三国联合建设的横穿大西洋的海底光缆，全长为 6000 km，传输速率为 565 Mbps。

我国从 20 世纪 70 年代初就开始了光通信的研究。1983 年，连接武汉三镇的 8 Mbps 以及 1985 年扩容的 34 Mbps 数字光纤传输系统开通使用。1984 年以后，8 Mbps 光纤通信系统开始在全国推广使用；1986 年以后，34 Mbps 光纤通信系统在国内推广使用；1988 年，140 Mbps 光纤通信系统商用化。1990 年底，我国第一条利用国产设备建设的长途光缆通信干线——兰州至乌鲁木齐的光缆工程中的兰州至武威工程通过验收，全长为 286 km，传输速率为 140 Mbps。1993 年 9 月，连接我国京、津、冀、鲁、皖、苏六省市光缆干线正式开通，长度达 1444 km。

目前，光纤通信正朝着低损耗、超速度、大容量、长距离、全光通信方向发展。为增加光频带的利用，采用了波分复用及密集型波分复用技术。

为实现低损耗、长距离的全光通信，光孤子光纤通信正处在实验开发阶段。孤子光是孤粒波，它在传播过程中没有能量弥散，特别是超短光脉冲（即脉冲宽度达到 ps 量级）。它通过光纤传输时没有任何色散而保持脉冲形状不变，这在实现跨洋无中继长距离光纤通信系统中是非常具有吸引力的新型通信方式。这种利用光孤子波作为载波，利用色散位移光纤作为传输介质的通信，称为光孤子光纤通信。

光缆通信以其独特的优点被认为是通信史上一次革命性的变革，光缆通信网将在长途通信网与市话通信网中代替现有的电缆通信网，在目前方兴未艾的"信息高速公路"建设中，光缆通信网也将发挥主导作用。

3.2　光纤与光缆

光纤是传输光信号的主要介质，而在实际的光纤线路中，为保证光纤能在各种条件及环境下长期使用，必须将光纤构成光缆，因此有必要介绍光纤的结构以及常用的光缆。

3.2.1　光纤的结构及分类

1. 光纤的结构

目前，通信使用的光纤是由石英玻璃（SiO_2）制成的横截面很小的多层同心圆柱体，如

图 3.3 所示。

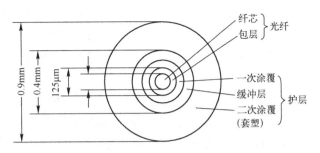

图 3.3　单根光纤结构

　　其中，未经涂覆和套塑的光纤称为裸光纤，由纤芯和包层组成。折射率高的中心部分称为纤芯，其折射率为 n_1，直径为 $2a$（对于多模光纤 $2a = 50\mu m$，对于单模光纤 $2a = 10\mu m$），其作用是导光。折射率低的中心部分称为包层，其折射率为 n_2，直径为 $2b$，约为 $125\mu m$，其作用是将光封闭在纤芯－包层界面内使光向前传输。由于石英玻璃质地脆、易断裂，为了保护光纤表层，增加光纤的机械强度，在裸光纤的外面还要加缓冲层及进行两次涂覆而构成光纤芯线。一次涂覆的作用是防尘、增加机械强度，材料为硅酮树脂或聚氨基甲酸乙脂。缓冲层的作用是防止光纤遇冷弯曲，材料与一次涂覆层相同。二次涂覆（套塑）的作用是便于操作、便于识别及进一步增加光纤强度，材料大都采用尼龙或聚乙烯。

2. 光纤的分类

　　可按照不同的方式对光纤进行分类，通常采用下列分类方法。

　　（1）按光纤的组成材料分类

　　① 石英玻璃光纤（主要材料为 SiO_2）。

　　② 多组分玻璃光纤（由 SiO_2 和少量的 Na_2O、CaO 等氧化物组成）。

　　③ 塑料包层玻璃芯光纤。

　　④ 全塑光纤。

　　光通信中主要采用石英光纤，书中所提及的光纤也主要是指石英光纤。

　　（2）按折射率分布分类

　　① 阶跃型光纤：又称为均匀光纤。光纤纤芯的折射率 n_1 和包层的折射率 n_2 都为一常数，且 $n_1 > n_2$，在光纤和包层的交界面折射率呈阶梯型变化，用符号 SI 表示，如图 3.4（a）所示。

　　② 渐变型光纤：又称为非均匀光纤。从光纤轴线到纤芯与包层交界处折射率 n_1 随半径的增加而按一定规律缓慢、逐渐地减小到 n_2，用符号 GI 表示，如图 3.4（b）所示。

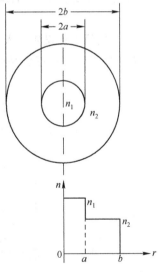

（a）均匀光纤的折射率剖面分布

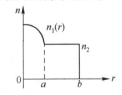

（b）非均匀光纤的折射率剖面分布

图 3.4　光纤的折射率剖面分布

（3）按传输模式分类

所谓模式，实质上是电磁场的一种分布形式。模式不同，其电磁场的分布形式也不同。

① 多模光纤（Multi Mode Fiber，MM）：当光纤中传输多个模式时，这种光纤称为多模光纤。目前，多模光纤的折射率分布多呈渐变型，其传输性能较差、带宽较窄、传输容量较小。

② 单模光纤（Single Mode Fiber，SM）：当光纤中传输一种模式时，这种光纤称为单模光纤。单模光纤的折射率分布多呈阶跃型，这种光纤传输频带宽、容量大，适用于大容量、长距离的光纤通信，是当前研究和应用的重点，也是光波技术和光纤发展的必然趋势。

3.2.2 光纤的导光原理

1. 光学原理

光是电磁波，具有粒子和波动两重性。电磁波波长越短，其粒子性表现得越明显。光纤通信所涉及的光谱波段内，光的粒子性和波动性都表现得非常明显，因此要具体问题具体分析。

光的主要特性如下：

① 光沿直线前进，并且有一定的速度。真空中的光速 $C = 3 \times 10^8 \mathrm{m/s}$。

② 光在传播中碰到两种媒质的交界处时会发生反射，且反射角 θ'_1 等于入射角 θ_1，如图 3.5 所示。

③ 光从第 1 种媒质进入第 2 种媒质时，传播方向会改变，如图 3.5 所示。从光疏到光密，光线靠近法线；反之光线远离法线。入射角 θ_1 与折射角 θ_2 的关系服从折射定律。

$$n_1 \sin\theta_1 = n_2 \sin\theta_2 \tag{3-1}$$

式（3-1）中，n_1、n_2 分别为第 1 种和第 2 种媒质的折射率。

④ 当入射角大于临界角时，入射光会产生全反射现象。临界角的概念如图 3.6 所示。

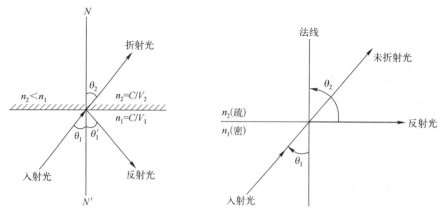

图 3.5　光的反射与折射　　　　图 3.6　临界角概念

当入射光以某一角度射入而折射角正好等于 90°时，使折射光线与界面重合（注意：此时光线由光密到光疏），即 θ_2=90°，由折射定律 $n_1 \sin\theta_1 = n_2 \sin\theta_2$ 知：

$$\sin\theta_1 = \frac{n_2}{n_1}\sin\theta_2 = \frac{n_2}{n_1}\sin 90^\circ = \frac{n_2}{n_1}$$

$$\theta_c = \theta_1 = \arcsin\frac{n_2}{n_1} \qquad (3-2)$$

此时的 $\theta_c = \theta_1$ 就是临界角。因此，全反射的条件为 $\theta_1 > \theta_c$，光从光密介质到光疏介质。

2. 光在光纤中的传播

光波在光纤中如何被传向远方呢？为了说明这个问题，下面首先分析单纯的光线在均匀光纤中的传播情况。

一般来说，光纤中传播的光可存在两种不同的形式：

① 光线在过轴心的平面内传播，这种光线称为子午光线，它是在一个平面内弯曲进行传播的光线，在一个周期内和光线的轴线相交两次，如图 3.7（a）所示。

② 不交轴的光线如图 3.7（b）所示。这种光线不在一个平面内，是不经过光纤轴线的空间折线。从光纤的端面观察，其光线的轨迹是一组构成多边形的折线，如图 3.7（c）所示。

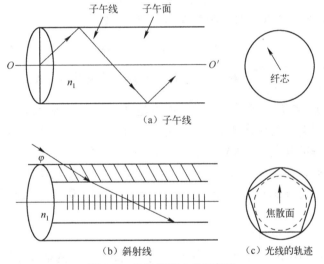

图 3.7　均匀光纤中的光射线

图 3.8 表示了子午光线在光纤中的传播情况。当光纤中的光线射入纤芯和包层界面时，入射点 O 的光线可能分为两束：一束为折射光，另一束为反射光，它们应服从光线的折射和反射定律。

折射光将在靠近纤芯－包层界面的包层中传播；反射光将回到纤芯中又射向纤芯的另一边的纤芯－包层界面，然后重复 O 点的情况，使光向前传播。因为包层的损耗比纤芯大，所以进入包层的光将很快衰减而不能远距离传播，为了使光线在光纤中远距离传输，希望在光纤中传播的光全部被反射回纤芯，而不产生折射，即全反射。根据全反射定律，要求光纤纤芯的折射率 n_1 一定大于光纤包层的折射率 n_2；进入光纤的光线向纤

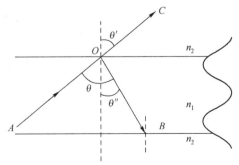

图 3.8　子午线在光纤中的传播

芯－包层界面入射时，入射角应大于临界角 θ_c，即折射角必须大于 $\dfrac{\pi}{2}$。

（1）光在均匀光纤中的传播

均匀光纤是指纤芯的折射律 n_1 为一常数的光纤，相当于光线在一均匀介质中传输。当从光源输出的光通过光纤端面进入光纤时，入射在光纤端面上的光的一部分不能进入光纤；而能进入光纤端面的光，也不一定能在光纤中传播，只有符合某一特定条件的光才能在光纤内发生全反射而传播到远方。此时，因为光从低折射率到高折射率介质传播，所以入射角 θ_1 总是大于折射角 θ_2。要使光线在光纤中发生全反射而实现远距离传输，则在光纤中的最大折射角 $\theta_2 = \dfrac{\pi}{2} - \theta_c$，根据折射定理：

$$n_0 \sin\theta_{max} = n_1 \sin\theta_2 = n_1 \sin\left(\dfrac{\pi}{2} - \theta_c\right)$$

因为从空气中射入光纤，所以 $n_1 = 1$，$\sin\theta_c = \dfrac{n_2}{n_1}$

得
$$\sin\theta_{max} = \sqrt{n_1^2 - n_2^2} \tag{3-3}$$

将 θ_{max} 的正弦函数定义为光纤的数值孔径，用"NA"表示：

$$NA = \sin\theta_{max} = n_1 \sqrt{2\Delta} \tag{3-4}$$

式中，$\Delta = \dfrac{n_1^2 - n_2^2}{2n_1^2} \approx \dfrac{n_1 - n_2}{n_1}$，称为相对折射率差。数值孔径 NA 是用来计量光纤接收光能量的重要参数。θ_{max} 越大，光纤接收光的能力越强。从立体观点来看，$2\theta_{max}$ 是一个圆锥，自光源发出的光，只有入射在该圆锥内的光才能在光纤中形成全反射而向前传播，因此从增强进入光纤的光功率的观点看，NA 值越大越好。但 NA 值越大时，光纤的色散也越大，影响光纤的带宽。因此，在光纤通信系统中对 NA 的数值有一定的要求。根据 1984 年通过的 CCITT G.651 建议，通信系统的 NA 值应为 $(0.18 \sim 0.24) \pm 0.02$。我国采用的 NA 值为 0.2 ± 0.02。

（2）光在非均匀光纤中的传播

非均匀光纤中的折射率 n_1 沿半径 r 的方向是变化的，随 r 的增加而按一定规律减小，即 n_1 是 r 的函数。在轴线处，即光纤纤芯处，折射率最高，随半径的增大而逐渐减小。此时，可把纤芯分割成无数个小同心圆，每两个圆之间的折射率可以看成是均匀的。光在介质中传播时，将不断发生折射，形成正弦波的轨迹，如图 3.9 所示。

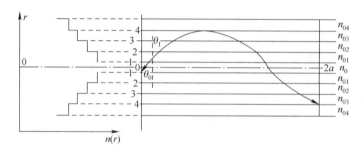

图 3.9　在非均匀光纤中传播的子午射线

3.2.3 多模光纤与单模光纤的概念

光纤按传输光波的模式不同，又可分为多模光纤和单模光纤。

1. 多模光纤

纤芯内传输多个模式的光波，也就是说这种光纤允许多个传导模通过。多模光纤适用于几十 Mbps 到 100Mbps 的码元速率，传输距离为 10 ~ 100km。

多模光纤可以分为阶跃型多模光纤和渐变型多模光纤。阶跃型多模光纤的结构最为简单，制造工艺易于实现，是光纤研究的初期产品。在阶跃型多模光纤中，不同入射角的光会以不同的路径在光纤纤芯线中传播，以非常大的角度传送的光线将要比那些几乎根本不改变方向的光线传播更远的距离才能到达光纤的另一端。这样，一个短的光脉冲由于在传输过程中的时延不同而陆陆续续地到达输出端，造成光脉冲的扩散，如图 3.10（a）所示。因此，阶跃型多模光纤的传输带宽只能达到几十 MHz·km，不能满足高码率传输的要求，在通信中已逐步被淘汰；而近似抛物线折射率分布的渐变型多模光纤能使模间的时延差极大地减小，从而可使光纤带宽提高约两个数量级，达到 1GHz·km 以上。渐变型多模光纤是单模光纤的较高带宽与阶跃型多模光纤的容易耦合（光纤与光电器件）之间的一种折中。在渐变型多模光纤中，折射率在纤芯材料和包层材料之间不发生突然变化，而是从光纤中心处的最大值到外边缘处的最小值连续、平滑地变化，如图 3.10（b）所示。这种渐变型多模光纤的带宽虽然比不上单模光纤，但它的芯线直径大，对接头和活动连接器的要求都不高，使用起来比单模光纤要方便些，所以对四次群以下系统还是比较实用的，现在仍大量用于局域网中。

2. 单模光纤

纤芯中只能传输光的基模，不存在模间时延差，因而具有比多模光纤大得多的带宽。单模光纤主要用于传送距离很长的主干线及国际长途通信系统，速率为几个 Gbps。由于价格的下降以及对比特传输速率的要求不断提高，单模光纤也被用于原来使用多模光纤的系统。

单模光纤的外径为 $125\mu m$，它的芯径一般为 $8 ~ 10\mu m$，目前用得最多的 $1.31\mu m$ 单模光纤芯部的最大相对折射率差为 $0.3\% ~ 0.4\%$，如图 3.10（c）所示。

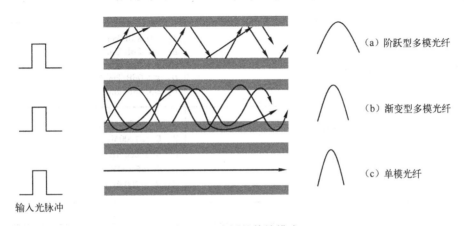

图 3.10 光纤的传输模式

图 3.10 画出了阶跃型多模光纤、渐变型多模光纤、单模光纤的结构、传输方式以及光脉冲扩散的情况。

光纤的分类以及主要性能归纳于表 3.1 中。

表 3.1 光纤的分类以及主要性能

光 纤 类 型		纤芯直径（μm）	材 料	传输损耗（dB/km）			带宽×传输距离（GHz·km）
				0.85μm	1.3μm	1.55μm	
单模光纤		1～10	纤芯：以二氧化硅为主的玻璃 包层：以二氧化硅为主的玻璃	2	0.38	0.2	50～100
多模光纤	阶跃型	50～60 (200)	纤芯：以二氧化硅为主的玻璃 包层：以二氧化硅为主的玻璃	2.5	0.5	0.2	0.005～0.02
			纤芯：以二氧化硅为主的玻璃 包层：塑料	3	高	高	
			纤芯：多组分玻璃 包层：多组分玻璃	3.5	高	高	
	渐变型	50～60	纤芯：以二氧化硅为主的玻璃 包层：以二氧化硅为主的玻璃	2.5	0.5	0.2	1
			纤芯：多组分玻璃 包层：多组分玻璃	3.5	高	高	0.4

CCITT G.651、G.652 建议分别对渐变型多模光纤和 1.31μm 单模光纤的主要参数做了规定，如表 3.2 和表 3.3 所示。

表 3.2 渐变型多模光纤的主要参数（CCITT G.651 建议）

几 何 特 性	芯 径	包层直径	同芯误差	不 圆 度
	50μm ±6%	125μm ±2.4%	< 6%	纤芯<6%，包层<2%
波长	850nm	1300nm		
数值孔径（NA）	(0.18～0.24) ±0.02 （我国规定为 0.20 ±0.02）			
折射率分布	近似抛物线			
损耗系数	A：≤3.0dB/km B：≤3.5dB/km C：≤4.0dB/km	A：≤0.8dB/km B：≤1.0dB/km C：≤1.5dB/km D：≤2.0dB/km E：≤3.0dB/km		
模畸变带宽	A：B_m≥1000MHz B：B_m≥800MHz C：B_m≥500MHz D：B_m≥200MHz	A：B_m≥1200MHz B：B_m≥1000MHz C：B_m≥800MHz D：B_m≥500MHz E：B_m≥200MHz		
色散系数	≤ 120bps/km·nm	≤ 6bps/km·nm		

表 3.3　1.31μm 单模光纤的主要参数（CCITT　G.652 建议）

截止波长（2m）		1100～1280nm			
模场直径		(9～100)±10% μm			
包层直径		125±2 μm			
模声不圆度		<6%			
包层不圆度		<2%			
模场/包层同心度误差		<1 μm			
分级		A	B	C	D
损耗系数（dB/km）	<1300nm	<0.35	<0.50	<0.70	<0.90
	<1500nm	<0.25	<0.30	<0.40	<0.50
总色散系数（bps/nm·km）	<1287～1330nm	<3.5	<3.5	<3.5	<3.5
	<1270～1340nm	<6	<6	<6	<6
	<1550nm	<20	<20	<20	<20

3.2.4　光缆的结构、光纤的连接

1．光缆的结构

在实际通信线路中，往往将多根光纤制成不同结构形式的光缆。根据不同用途和不同环境条件，光缆的形式很多，但不论其结构形式如何，都是由缆芯、加强构件和护套组成。缆芯由光纤芯线组成，一般分为单芯和多芯两种，主要完成传输信息的任务。加强构件用来增强光缆的抗拉强度，通常是采用铜丝或非金属的合成纤维。护层主要是对已形成缆的纤芯线起保护作用。常用的光缆结构如图 3.11 所示。

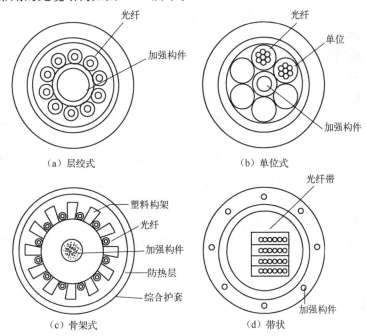

（a）层绞式　　　　　　　　　　（b）单位式

（c）骨架式　　　　　　　　　　（d）带状

图 3.11　光缆的基本结构

2. 光纤的连接

光纤的连接有两种，即固定连接和活动连接。固定连接有熔接法和粘接法等不同的工艺，它们一般用于光纤线路上光纤与光纤的连接，这种接头常称为死接头。活动连接主要依靠光纤连接器来完成，是一种可以拆卸的接续，一般用于机与线或机与机之间的连接，这种接头常称为活接头。光纤连接是必不可少的，但不能因此而影响整个光纤通信系统的传输质量。因此，对光纤连接的根本要求是：附加损耗低，机械强度高，可靠性好，便于安装维修。

3.2.5 光纤的传输特性

光纤的传输特性主要包括光纤的损耗特性和色散特性。

1. 光纤的损耗特性

光波在光纤中传输时，随着传输距离的增加，其强度逐渐减弱，光纤对光波产生严重衰减作用，这就是光纤的损耗，它的大小在很大程度上决定着光中继距离的长短。

光纤的损耗大致可分为吸收损耗、散射损耗及其他损耗。

（1）吸收损耗

光波在光纤中传输时，如果有部分光被光材料吸收而转换为热能，这种衰减现象称为吸收损耗。

吸收损耗包括本征吸收、杂质吸收和原子缺陷吸收三部分。

本征吸收是指组成光纤的原料（如 SiO_2 或 GeO_2 等）对光能的吸收，它是材料本身固有的。

杂质吸收是指光纤原材料中含有的 Fe^{2+}，Cu^{2+}，Cr^{3+} 等金属离子和 OH^+ 所造成的损耗，含量越多，损耗越严重。

原子缺陷吸收指玻璃受到某种激励时所感生的一种损耗，这种损耗很小。

（2）散射损耗

由于光纤的结构不均匀，使光纤中传导的光在不均匀点变更其传播方向，这种现象称为光的色散，由此产生的损耗称为散射损耗。其中，瑞利散射和结构散射对光纤通信的影响较大。

瑞利散射是光纤本征散射损耗，它是由于光纤材料的分子密度不均匀，从而使折射率分布不均匀而引起的。因此，光纤的瑞利散射是固有的，不能消除。随着光波长的增加，瑞利散射迅速降低。

结构散射是光纤材料不均匀引起的。光纤在制造过程中，由于操作不当或环境不净，致使光纤中出现气泡、未溶解的粒子和杂质等或者因操作不当使纤芯和包层的界面粗糙，这些都会造成光纤结构缺陷而产生结构散射，这种损耗与光波波长无关，可通过改善工艺加以改进。

（3）其他损耗（包括弯曲损耗和连接损耗）

当光纤轴线弯曲时，有部分光线从纤芯渗入包层和护层，甚至透过护层而逸出，造成光散射损失，这就是弯曲损耗。

连接损耗是由于被连接的两根光纤的端面发生空间错位造成的。

综上分析，吸收损耗和散射损耗是由光纤本身造成的，在 $0.8 \sim 0.9\mu m$ 波段内，损耗约为 2dB/km；在 $1.31\mu m$ 处，损耗为 0.5dB/km；而在 $1.55\mu m$ 处，损耗可降至 0.2dB/km，这已接近了 SiO_2 光纤的理论极限值，因此在长波长窗口可使光纤传输信息的容量进一步加大。

2. 光纤的色散特性

光纤色散是指不同频率成分或不同模式成分在光纤中以不同的群速度传播，致使光纤传输的信号波形发生畸变的一种物理现象。在数字光纤通信系统中，色散表现为光脉冲的宽度被展宽。在光纤通信系统中，光纤色散限制了带宽，而带宽又直接影响通信线路的容量和传输速率，因此光纤色散特性也是光纤的一个性能指标。根据光纤色散产生的原因，它包括模式色散、材料色散和波导色散三种。

（1）模式色散

模式色散是指由于各模式之间的群速度不同而引起的色散，即在多模光纤中，不同模式的光在同一频率下传输，由于在光纤中行进的轨迹不同，光在同样长度的光纤中传输时，需要不同的时间，即模间存在时延差，这种色散称为模式色散。因为单模光纤中只传输一种模式，因此不存在模式色散。

（2）材料色散

由于光纤本身的折射率随光波频率而变化，使模内各信号的传输速度不同而产生色散，它是单模光纤中的主要色散。

（3）波导色散

从理论上讲，光纤中的导波在纤芯中传输。由于光纤的几何结构、形状等方面的不完善，使光波一部分在纤芯中传输，另一部分在包层中传输；而纤芯和包层的折射率不同，造成了光脉冲展宽的现象称为波导色散。

典型的单模光纤的色散与光波波长间的关系曲线如图 3.12 所示。

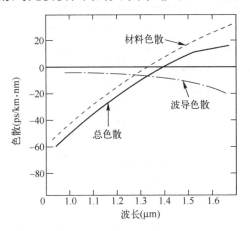

图 3.12 单模光纤色散 - 波长曲线

从图 3.12 中可以看出，在 $\lambda = 1.27\mu m$ 处，材料色散为零；在 $\lambda = 1.31\mu m$ 处，材料色散

与波导色散相互抵消，光色散为零，这是一个低色散区。对于 SiO_2 光纤来说，在 $1.55\mu m$ 处，损耗最低。如果将低色散区移到 $1.55\mu m$ 附近，则可以获得最低损耗和最小色散，这就是目前人们研制的零色散频移光纤。

3.3　光缆线路工程

光缆线路施工是按照规范、规程要求，建成符合设计要求的传输线路，并确保通信可靠、畅通的技术。光缆线路工程主要包括光缆线路的敷设、光缆的接续与光缆线路的测试三部分。

3.3.1　光缆线路的敷设

光缆线路的敷设是光缆线路施工中的关键步骤，目前，光缆敷设的方式主要有四种，即光缆的直埋敷设、光缆的管道敷设、光缆的架空敷设和光缆的水底敷设。

1．光缆的直埋敷设

将光缆直接置于预先挖掘的合格光缆沟内的敷设方法称为直埋敷设。此法不需要建筑杆路和地下管道，故具有施工简单、建筑成本低的特点。目前长途干线光缆工程大多采用直埋敷设。

直埋敷设的方法是：先开挖光缆沟，然后布放光缆，最后回填将光缆埋入沟中。

（1）光缆沟的开挖

由于直埋敷设时受外界因素的影响大，因此，直埋光缆一般要比管道光缆埋得深。达到足够的深度，一方面可以防止各种外来的机械损伤，另一方面，由于一定深度以后地温较稳定，减少了温度对光缆的影响，从而保证了光缆线路的稳定性。挖沟的方法一般有人工挖沟法和机械挖沟法两种。不论采用哪种方法，光缆沟应符号表3.4所示要求。

表3.4　直埋光缆埋深表

敷设地段或土质	埋深（m）	备注
普通土、硬土	≥1.2	
半石质、砂砾土、风化石	≥1.0	
全石质	≥0.8	从沟底加垫10cm细土或砂土表面算起
流砂	≥0.8	应有加固措施保证深度
市郊、村镇	≥1.2	
市区人行道	≥1.0	
公路边沟：石质（坚石、软石） 其他土质	边沟设计深度以下0.4 边沟设计深度以下0.8	
公路路肩	≥0.8	
穿越铁路、公路	≥1.2	距道渣底或路面
沟、渠、水塘	≥1.2	
农田排水沟	≥0.8	沟宽1m以内
河流	按水底光缆要求	

（2）直埋光缆的敷设方法

直埋光缆的敷设方法有机械牵引敷设法和人工布放敷设法。

机械牵引敷设法是采取光缆端头牵引机、辅助牵引机联合牵引光缆。

人工布放敷设法有两种方式，一种是直接肩扛方式；另一种是"∞"字人工抬放方式。

（3）光缆沟的回填

光缆布放合格后即可进行覆盖回填。回填时，先回填 30cm 厚的细土，严禁将石块、砖头、冻土推入沟内，回填后人工踏平。第一层细土填完后，再回填原土，每填 30cm 踏平一次。回填完毕后，回填土应高出地面 10cm。

（4）光缆标石的埋设

直埋光缆设置标石是为了便于光缆日常维护和故障抢修。直埋光缆标石分为接头标石、转角标石、路由标石和监测标石四大类。

2. 光缆的管道敷设

将光缆穿放在预设好的管道中的敷设方法称为管道敷设。在此法中，管道具有保护作用，线路故障率低，但建设成本高。管道敷设主要用于市内。

（1）管道光缆敷设的准备工作

管道光缆敷设前的准备工作主要包括所用管孔的清洗、塑料子管的穿放和光缆牵引端头的制作。

（2）管道光缆的敷设方法

管道敷设可采用机械牵引、人工牵引和机械与人工相结合的敷设方法。

机械牵引法指的是采用牵引机完成光缆管道敷设的一种方法。人工牵引法是利用人进行牵引的光缆敷设方法，具有简单、实用、节省机械的特点。常用的人工牵引法是"∞"字敷设法。

3. 光缆的架空敷设

将光缆架挂在架空杆路上的敷设方式称为光缆的架空敷设。此法建设费用低，维护方便，可充分利用现有通信杆路，投资少，见效快；但易受外界环境的影响。架空敷设主要用于市内部分地段、农话、省内二级干线等。

（1）架空杆路的建设

架空杆路的建设通常有两种：一种是利用已有的杆路增挂光缆。另一种是新建杆路，应依据一定的标准。

（2）吊线的架设

架空光缆的敷设主要采用钢绞线支承式和自承式两种方式。我国基本采用钢绞线支承式，即通过杆路吊线来吊挂架设光缆。

（3）光缆的布放和架挂方法

架空光缆的敷设方法较多，我国目前大多采用吊线托挂式。托挂式架挂光缆的施工方法有定滑轮牵引法、光缆盘移动放出法和预挂钩牵引法。

4．光缆的水底敷设

光缆线路在跨越江河、湖泊及海洋时，受环境的限制，在采用架空及桥梁管道光缆有困难时，须敷设水底光缆。由于水底敷设环境较差，因此，水底光缆必须用钢丝或钢带铠装的结构。

水底光缆的选用和水底光缆的敷设方法是光缆水底敷设要考虑的两个问题。根据河床的稳定性与水的深度来考虑采用何种类型的光缆。水底光缆的敷设方法主要有人工抬放法、浮具引渡法、冲放器法、拖轮引渡法等。

 ### 3.3.2　光缆的接续

光缆的制造长度一般为2km，故接续不可避免，而接续之好坏直接影响系统整体性能。光缆的接续可分为光纤接续和光缆护套接续两部分，而重点在光纤的接续。

1．光纤的接续

光纤接续一般可分为固定接续和能拆卸的连接器接续。

（1）光纤的固定接续

光纤固定接续是光缆线路施工与维护时最常用的接续方法。这种方法的特点是光纤连接后不能拆卸。光纤固定接续有两种方法：熔接法和非熔接法。根据光纤不同的轴心对准方法，非熔接法又分为V形槽法、套管法、松动管法等。

目前，光纤的固定接续大都采用熔接法。这种方法的优点是连接损耗低，安全、可靠，受外界因素的影响小。唯一的不足是需要价格昂贵的熔接机具。

① 熔接法。

将光纤轴心对准后，加热光纤的端面使其熔接的方法称为熔接法。光纤端面加热的方法有气体放电加热、电热丝加热等。目前光纤熔接机都采用气体放电加热方法。

气体放电熔接法具有操作方便、熔接时间短、温度分布和热量可控等优点，取得了广泛的应用。但由于光纤端面的不完整性和光纤端面压力的不均匀性，一次放电熔接光纤的接头损耗比较大，于是人们发明了预热熔接法，即二次放电熔接法。这种工艺的特点是在光纤正式熔接之前，先对光纤端面预热放电，给端面整形，去除灰尘和杂物，同时通过预热使光纤端面压力均匀。此种工艺提高了光纤接续质量。目前，进口和部分国产光纤熔接机都采用预热熔接法。

② 非熔接法。

非熔接法可分为V型槽法、套管法、松动管法等。

非熔接法中，使用最广泛的是V形槽法。这种方法只需要用简单的夹具就可以实现低损耗连接。

（2）光纤的连接器连接

光纤连接器（又称活接头）是光通信传输、测量等工作中不可缺少的元器件。连接器通常由一对插头及其配合机构构成。光纤在插头内部进行高精度定心。两边的插头经端面研磨等处理后精密配合。连接器中最重要的是定心技术和端面处理技术。

目前，连接器以非调心型为主。数字通信领域应用最广泛的是FC、SC、ST和D型系列光纤光缆连接器。

2. 光纤连接损耗原因

光纤连接损耗产生的原因有两种：一种是由于两根待接光纤特性差异或光纤自身不完善所造成的光纤连接损耗，这种损耗称为接头的固有损耗，不可能通过改善接续工艺和熔接设备来减少连接损耗。单模光纤的模场直径偏差、模场与包层的同心度偏差、不圆度等都是引起接头固有损耗增大的原因。另一种原因是由外部因素造成的光纤连接损耗增大，如接续时的轴向错位、光纤间的间隙过大、端面倾斜等，这些均由操作工艺不良、操作中的缺陷以及熔接设备精度不高等原因所致。

3. 光纤接续的操作方法

光纤接续一般分为端面处理、接续安装、熔接、接头的保护、余纤的收容五个步骤。

（1）光纤端面处理

光纤端面处理包括光纤涂覆层的剥除、裸光纤的清洗和断面切割三个步骤，合格的光纤端面是提高熔接质量、减小光纤接续损耗的必要条件。

① 用专用的光纤剥线钳，剥除光纤上的一次、二次涂覆层，剥除长度约为35mm。注意剥除光纤涂覆层时要平、稳、快，即持纤要平、握纤要稳、剥纤要快，整个过程自然流畅，一气呵成。

② 清洗裸光纤时，用脱脂棉蘸少许酒精，夹住已剥覆的光纤，顺光纤端面方向，从不同角度擦拭，直到擦拭发出"吱吱"的响声为止。

③ 切割光纤断面，应用专用的光纤切割刀。切割时应将光纤切割刀放置平稳，并清洗切割刀的刀片，切割出的光纤端面应与轴线垂直且平整、无毛刺、无缺损。光纤的切割长度应视热缩套管的长度而定。

（2）光纤的熔接

打开熔接机的防尘盖，将制备好的两根光纤分别放入熔接机的 V 形槽内固定，光纤端面距电极 0.5 ~ 1.5mm；注意将光纤放入熔接机的 V 型槽时，光纤端面不得触及槽底和电极，以防止损伤光纤端面。

盖上熔接机的防尘盖，按下"自动"键，熔接机便自动进行清洁、光纤校准、端面检查、间隙预留、预熔、光纤推进、放电、连接损耗估算、张力测试等操作。

（3）接头的保护

光纤去掉一次涂覆层后，抗拉强度大幅度下降。因此在光纤接续后，应对接头部位进行保护。目前常用热缩套管对接头进行保护，其结构如图 3.13 所示。它由 PE 聚乙烯热可缩管、EVA 易熔管及不锈钢丝组成。

光纤接头保护的具体做法是：

首先将预先套进的热缩套管轻轻移至光纤的熔接部位，使熔接点处于热缩套管的中间部位，并使热缩套管内两边涂覆层的搭接距离相等。然后将热缩套管置于熔接机的加热器内加热，加热完毕，热缩套管收缩将接头紧固在不锈钢丝上，使接头得以保护和加固。

（4）余纤的收容

为了保证光纤的接续质量和利于维修，光纤接头两边要留一定长度的余纤。对于余纤的处理，不同的光缆接头程式有不同的处理方法，最常用的是盒式余纤处理法。盒式余纤处理方式如图 3.14 所示。

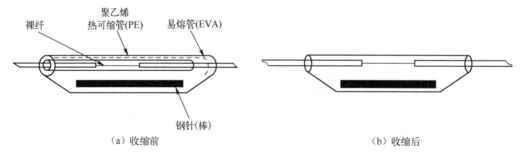

（a）收缩前 　　　　　　　　　　　　　　　（b）收缩后

图 3.13　热缩套管结构示意图

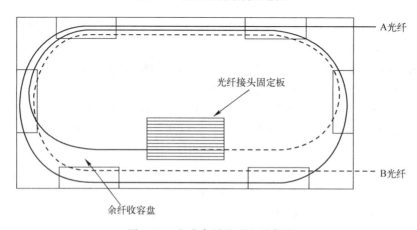

图 3.14　盒式余纤处理法示意图

4．光缆接续的一般步骤

光缆的接续一般是指光缆护套的接续。光缆护套的接续方法是以传统的金属电缆接续方法为基础，结合光纤的特殊性选择和设计的。

通常光缆接续应按以下操作进行：

① 开剥光缆，去掉护套；

② 清洗、去除光缆内的填充油膏；

③ 捆扎光纤，采用套管保护时，可预先套上热缩套管；

④ 检查光纤芯数，进行光纤对号，核对光纤色标；

⑤ 加强芯接续；

⑥ 各种辅助线对、屏蔽地线等接续；

⑦ 光纤接续；

⑧ 光纤接头的保护；

⑨ 光纤余纤的盘留；

⑩ 光缆护套的接续；

⑪ 光缆接头的保护。

3.3.3　光缆线路的测试

准确地掌握光缆线路的性能参数，无论是在光缆工程实施阶段还是在光缆线路运维阶段都是必不可少的，它是光缆工程实施和光缆线路运维的重要保障。

光缆线路测试中很关键的一项就是光纤衰减的测试，常用的光纤衰减测试方法有剪断法、插入法和后向散射法三种。ITU—T 建议以剪断法为基本方法，插入法和后向散射法为第二替代法和第三替代法。

1. 剪断法

剪断法是根据光纤衰减定义建立的测试方法。在稳态注入的条件下，首先测量整根光纤的输入光功率 $P_2(\lambda)$，如图 3.15（a）所示。然后，保持注入条件不变，在离注入端约 2m 处剪断光纤，测量此段光纤输出的光功率 $P_1(\lambda)$，如图 3.15（b）所示。

由于 2m 光纤的衰减很小，可以忽略不计，因此 $P_1(\lambda)$ 就是被测光纤的始端注入光功率，被测光纤的衰减计算公式如下：

$$A(\lambda) = 10\lg\frac{P_1}{P_2}\,\mathrm{dB} \tag{3-5}$$

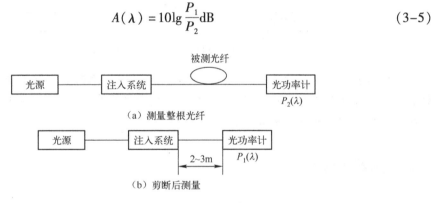

（a）测量整根光纤

（b）剪断后测量

图 3.15　剪断法测试光纤衰减示意图

2. 插入法

插入法是测量光纤衰减的第二替代法。其测量原理类似于剪断法，它用带活动插头的连接软线代替短光纤进行测量。

首先将注入系统的光纤与接收系统的光纤相连，测出光功率 $P_1(\lambda)$，如图 3.16（a）所示。然后将待测光纤连到注入系统和接收系统之间，测出光功率 $P_2(\lambda)$，如图 3.16（b）所示。

被测光纤段的总衰减 $A(\lambda)$ 可由以下公式计算：

$$A(\lambda) = 10\lg\frac{P_1}{P_2} + c_0 - c_1 - c_2\,(\mathrm{dB}) \tag{3-6}$$

式中，c_0、c_1、c_2 是连接器 0、连接器 1、连接器 2 的标称平均损耗值（dB）。不同的活动连接器，标称平均损耗值不同。

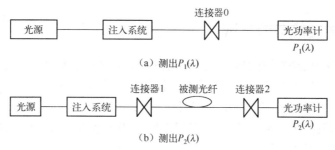

（a）测出 $P_1(\lambda)$

（b）测出 $P_2(\lambda)$

图 3.16　插入法测试光纤衰减示意图

3. 后向散射法（OTDR 法）

后向散射法是通过光时域反射仪（Optical Time Domain Reflectometer，OTDR）不剪断光纤来测量光纤衰减的方法，此法测试重复性和精确度比剪断法差。采用后向散射法测试某段光纤衰减，通常应对光纤分别进行双方向测试，然后取平均值作为被测光纤的衰减，如图3.17 所示。

图 3.17　后向散射法测试光纤衰减示意图

后向散射法可以测量光纤的全程总衰减，也可以用来检查中继段光纤全程的光学连续性，测量光纤任意两点间的衰减、光纤接头损耗及光纤故障点定位。后向散射法是光缆施工和维护中经常使用的一种测试手段。

**本章小结**

本章主要讨论了光纤与光缆的结构和种类，集中分析了光纤的导光原理及光缆的传输特性；介绍了光纤通信的基本组成，光纤通信的特点、发展状况，波分复用和密集型波分复用等先进的光纤通信技术；展望了光纤通信发展的未来。

光纤是光导纤维的简称，它由纤芯和包层两个部分组成。纤芯的作用是传输光波，包层的作用是把光波限制在纤芯之内并且增加纤芯的强度。按照不同的分类方法，光纤可有很多种类型。常见的光纤有多模阶跃光纤、多模渐变光纤和单模阶跃光纤三种。

从波动光学的观点来看，光纤的传播模式就是光波在光纤中传输时所形成的电磁场图形。单模光纤只允许与光纤轴一致的光线通过，即只允许主模通过，因此单模光线的单模传输条件为 $0 < V < 2.045$，若 $V > 2.045$，光纤中可允许传播多种模式的光波，这便是多模光纤。

并不是所有进入光纤的光都能在光纤中传播。为了使光能在光纤中远距离传输，必须使光波在光纤内反复发生全反射，在光纤内实现全反射的条件如下所述。

① 光纤纤芯的折射率 n_1 一定要大于光纤包层的折射率 n_2，即光从光密介质到光疏介质传输。

② 进入光纤的光线向纤芯–包层界面入射时，入射角应大于临界角 θ_c。

某种模式的光信号可在光纤中导行、截止和临界的条件分别为：导行条件是 $V > V_c$，截

止条件是 $V > V_c$，临界条件是 $V = V_c$。

　　光纤的数值孔径是用来计量光纤接收光能量的重要参数，NA 值越大，光纤接收光的能力越强。但 NA 值并不是越大越好，在选择 NA 值时还应考虑光纤的色散，因此 CCITT 对 NA 的选择作出了要求。

　　在实际通信中，常常是根据不同用途和不同环境条件将多根光纤制成不同形式的光缆。光缆的特性主要是指它的传输特性，即损耗特性和色散特性。造成光纤传输损耗的原因很多，概括起来主要是吸收损耗、散射损耗和弯曲损耗。模式色散、材料色散、波导色散是造成光脉冲展宽的主要原因。光纤的传输特性直接影响着其传输质量。

　　光缆线路施工是按照规范、规程要求，建成符合设计要求的传输线路，并确保通信可靠、畅通的技术。光缆线路工程主要包括光缆线路的敷设、光缆的接续与光缆线路的测试三部分。其中，光缆线路的敷设又分为直埋敷设、管道敷设、架空敷设和水底敷设，光缆的接续的核心是光纤的接续，光缆线路的测试中光纤衰减测试方法有剪断法、插入法和后向散射法。

 思考题与习题

　　3.1　光波的波长范围是多少？包括哪些电磁波段？

　　3.2　目前的光纤通信的波长范围是多少？所采用的三个实用的通信窗口是什么？

　　3.3　什么是光纤通信？光纤通信有哪些特点？

　　3.4　试画出光纤通信系统模型。请说明各部分的作用。

　　3.5　在光纤通信中，为什么要重新编码？请说明光纤通信常用的码型。

　　3.6　试将原发码 1000110101011111010011000100111000111101 变换成 8B1P 线路码。

　　3.7　试将原发码 0011101011000011001011001100111001001100 变换成 8B1C 线路码。

　　3.8　光纤通信的发展趋势是什么？

　　3.9　简述光纤的结构。

　　3.10　要使光波在光纤中实现远距离传输，光波应满足什么条件？

　　3.11　光纤的数值孔径是如何定义的？其物理意义是什么？

　　3.12　什么是单模光纤？实现单模传输的条件是什么？

　　3.13　已知阶跃型多模光纤纤芯折射率 $n_1 = 1.5$，相对折射率差 $\triangle = 1\%$，$2a = 50\mu m$，工作波长 $\lambda = 1.3\mu m$。此光纤的数值孔径 NA 等于多少？

　　3.14　已知阶跃型多模光纤的包层折射率 $n_2 = 1.47$，相对折射率差 $\triangle = 0.01$，问：

　　（1）纤芯折射率 n_1 等于多少？

　　（2）数值孔径等于多少？

　　3.15　光缆是由哪几部分组成的？各部分作用如何？

　　3.16　什么是光纤的损耗？造成光纤损耗的主要原因是什么？

　　3.17　什么是光纤的色散？光纤的色散有哪几种？

　　3.18　为什么单模光纤在 $1.31\mu m$ 附近的色散为 0？

　　3.19　光缆线路的敷设有哪几种？每一种适合的场合在哪儿？

　　3.20　简述光纤熔接的基本过程。

　　3.21　什么是剪断法？画出剪断法测试光纤衰减示意图。

第4章 程控交换与软交换技术

电话通信是目前通信的主要手段之一，电话通信网是当今世界上拥有用户最多、覆盖面积最大、性能最稳定的通信网络，电话是人们在日常生活和工作中所使用的最重要的通信工具之一。

4.1 电话交换技术简介

电话交换机是电话通信系统的基本组成部分，它伴随着电话网而产生、发展，并且不断更新和完善以适应当今信息社会的需求。

4.1.1 交换技术的发展

当两个用户要进行通信时，最简单的形式就是将两部电话机用一对线路连接起来。当发话者拿起电话机对着话筒（送话器）讲话时，声信号变成了电信号。这一信号沿着线路传送到对方电话机的受话器内，电信号又被还原成了声信号。这是两个用户之间通信的情况，它表示了电话通信的最简单、最基本的方式。有多个用户时，为保证任意两个用户间都能通话，则任意两个电话机之间都要用一对线路连接。当用户很多时，所需的线对数将会迅速增加，而且，每个用户家中需要接入的线路数也会随之增加，这在安装和接入过程中都会发生很大困难，带来经济和管理上的不便。

在用户分布的密集中心，安装一个公用设备，将每个用户的电话机用各自专用的电话线与该设备相连，如图4.1所示。平时，所有用户之间的连接线路是断开的。当任意两个用户（如用户1、用户4）需要通话时，主叫用户先通知该设备，然后由该设备找到被叫用户，并在交换设备内部将他们之间的线路连接起来，开始进行通信。当通信结束后，此设备再将双方的线路断开。这种公用设备就是电话交换机。因此，电话交换机的基本任务是，及时、准确地完成主、被叫用户之间的话路的连接，进行通信，并在话终时释放话路，即完成电话接续的功能。

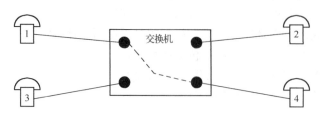

图4.1 设立公用设备的电话连接图

自从 1876 年美国科学家贝尔发明电话至今 100 多年以来，电话通信及相关技术不断发展。尤其是近 20 多年来，随着计算机、数字通信、大规模集成电路等技术的飞速发展，电话交换技术也有了大的飞跃。1878 年，美国人设计并制造了第一台磁石式人工电话交换机。1891 年，出现了共电人工交换机和与之配套的共电电话机。人工交换机的优点是设备简单、安装方便、成本低廉，缺点是接续速度慢、容易发生差错、容量较小。

1892 年，美国人史端乔发明了第一台自动电话交换机，命名为史端乔交换机，也称为步进制交换机，它采用步进制接线器完成交换过程，步进制交换机是第一代自动交换机。1927 年，瑞典的两位工程师发明了纵横制电话交换机，这种交换机采用纵横制接线器，与步进制交换机相比有更多的优越性：接线器接点接触可靠、杂音小、不易磨损、寿命长、维护工作量小、灵活性高、便于增加业务性能和长途电话自动交换、机械结构比较简单、易于制造，其缺点是耗用贵金属较多、制造成本较高。

计算机技术的产生和发展为人类技术进步、征服自然创造了有力的武器。随着计算机技术的发展，人们逐步建立了"存储程序控制"的概念。若交换机中的接续控制部分的工作由计算机来完成，这样的交换机就称为"程控交换机"。1965 年，由美国贝尔公司生产的世界上第一台程控交换机 ESS No.1 开通运行。这种程控交换机的话路部分还是机械触点式的，传输的还是模拟信号，仍没有克服固有的缺点，它实际上是"模拟程控交换机"。后来，出现了脉冲编码调制技术，即 PCM 技术，使话路部分得到了较大的改进。1970 年，法国开通了世界上第一台"数字程控交换机"，它是在程控交换机中引入 PCM 技术的产物，数字程控交换机的话路部分完全由电子元器件构成，克服了机械式触点的缺点。从此，数字程控交换机得到了迅猛的发展。目前，世界上的公用电话网几乎全部是数字程控交换机。程控交换机有许多优点，如通话质量好、接通率高、接续速度快、为用户提供新型业务、便于实现多种计费、使用灵活、便于维护等。

4.1.2　程控交换机的基本组成

程控交换机由硬件和软件两大部分组成，其基本组成是指它的硬件结构。图 4.2 是程控交换系统的基本组成框图，它的硬件部分可以分为两个系统：话路系统和控制系统。

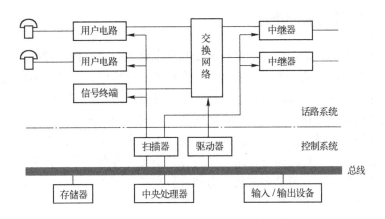

图 4.2　程控交换机的基本组成框图

1. 话路系统

话路系统的作用是，将用户线连接到交换网络以沟通通话回路。它由交换网络、用户电路、中继器、信号终端等部分组成。

交换网络的作用是，为语音信号提供接续通路并完成交换过程。用户电路是交换机与用户线之间的接口电路，它可以将模拟话音信号转变为数字信号传送给交换网络，还可完成馈电、编码、测试、保护、提供铃流等功能。中继器是交换网络与中继线之间的接口，中继器除具有与用户电路类似的功能外，还具有码型变换、时钟提取、同步设置等功能。信号终端负责发送和接收各种信号，如向用户发送拨号音、接收被叫号码等。

2. 控制系统

控制系统的功能包括两个方面：一方面是收集输入信息，对呼叫进行处理；另一方面是对整个交换机的运行进行管理、监测和维护。控制系统的硬件由扫描器、驱动器、中央处理器、存储器、输入/输出设备等部分构成。扫描器用于收集用户线和中继线信息，用户电路与中继器状态的变化通过扫描器送到中央处理器中。驱动器在中央处理器的控制下，使交换网络中的通路建立或释放。中央处理器也称为 CPU，它是普通计算机中使用的或交换机专用的 CPU 芯片。存储器负责存储交换机的工作程序和实时数据。输入/输出设备包括键盘、打印机、显示器等，从键盘可以输入各种指令，进行运行维护和管理；打印机可根据指令或定时打印出系统数据。

控制系统是整个交换机的核心，负责存储各种控制程序，发布各种控制命令，指挥呼叫处理的全部过程，同时完成各种管理功能。

4.2　程控交换机的交换网络

交换网络是交换机的重要组成部分，在程控数字电话交换机中用计算机程序来控制交换网络内话路时隙的交换。

4.2.1　时隙交换的概念

对于模拟信号来说，话音信号的交换就是物理电路之间的交换，即在交换网络的输入端与输出端两条电路之间建立一个实际的连接。在程控交换机中，为便于传输与处理，常将模拟的语音信号先变换成 PCM 数字信号，然后再将多路数字语音信号复用在一起（一般是在一条传输线上复用30 条话路，称为 PCM 复用线）构成一帧，最后送入交换网络。对于采用时分复用的数字信号来说，语音电路之间的交换就不那么简单了，因为在一条物理电路上顺序传送着多路语音信号，每路信号占用一个时隙，要想对各路信号进行交换，就不能简单地将实际电路交叉连接起来，而是要对每一时隙进行交换。所以，在数字交换网络中对语音信号的交换实际上是对时隙的交换。

时隙交换是指在交换网络的一侧，将某条电路上的某个时隙内的8bit 信号，通过交换网络，转移到交换网络的另一侧的某条电路上的某个时隙的8bit 位置。这种交换动作在每一帧都重复进行，从而实现语音电路的交换。图 4.3 表示通过这个交换网络，PCM1 复用线的 TSl6 时隙传输到 PCM3 复用线的 TS9 时隙，由于通话是双向进行的，所以同时还应有 PCM3 复用线的 TS9 时隙传输到 PCM1 复用线的 TSl6 时隙，这相当于 PCM1 复用线的 TSl6 时隙与 PCM3 复用线的 TS9 时隙之间实现了信息交换。

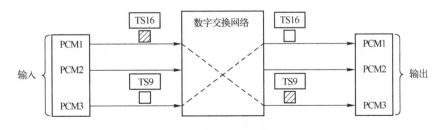

图 4.3　时隙交换示意图

可见，数字交换网络的功能是完成时隙交换，也就是要完成任意 PCM 复用线上任意时隙之间的信息交换。在具体实现时，应具备以下两种基本功能。

① 在一条复用线上进行时隙交换功能：由于这种时隙交换是在同一复用线上完成的，故称为"时分交换"。

② 在复用线之间进行同一时隙的交换功能：这种交换的特点是只完成两复用线对应时隙之间的交换，故称为"空分交换"。

时分交换与空分交换的组合可完成任意 PCM 复用线的任意两个时隙之间的交换。

4.2.2　时分交换网络

时分交换网络的功能是完成一条 PCM 复用线上任意时隙间信息的交换，其示意图如图 4.4 所示。时分交换网络由语音存储器（SM）和控制存储器（CM）组成。语音存储器用来暂存语音脉冲的信息，控制存储器用来寄存语音时隙的地址。时分交换网络有两种工作方式：顺序写入、控制读出，控制写入、顺序读出。下面以"顺序写入、控制读出"方式为例介绍其工作原理。

一帧中的 32 路 PCM 系统中的各路信号都是按照各个时隙的位置，在系统中顺序传送的。TS0 后面传送的是 TS1，TS1 后面传送的是 TS2，……，TS31 后面传送的又是 TS0，如此反复，连续传送。时隙内容的交换实际上是对某一时隙信号的延时传送，如图 4.5 所示。PCM 信号从左

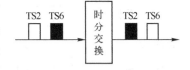

图 4.4　时分交换示意图

侧进入，经过时分交换后从右侧输出，输出后仍为 PCM 信号，只是时隙的内容有所变化。"顺序存入、控制读出"工作方式，就是将输入的 PCM 信号的各个时隙内的数码按顺序存入各个存储单元，如 TS0 时隙的内容（变成 8bit 数字代码）存入单元 0，TS1 的 8 个数码存入单元 1，依次类推，最后将 32 个时隙的内容分别存入 32 个存储单元中。然后，由控制存储器控制，按特定顺序（视呼叫的去向而定）读出各个单元内容，如首先读单元 0，然后读单元 1，…，单元 n。在 TS0 时刻，由于 0 单元的内容是 7，表示在该时刻要从 SM 的第 7 单元中读取信息到输出 PCM 复用线上，这样输入线上 TS0 时隙的信息就输出到输出线上 TS7

时隙；同理，输入线上 TS7 时隙的信息就输出到输出线上 TS0 时隙，这样便完成了时分交换过程。时分交换也可以采用"控制写入、顺序读出"的方式，其过程与前述正好相反。能完成时分交换的电路称为时分接线器或 T 型接线器。

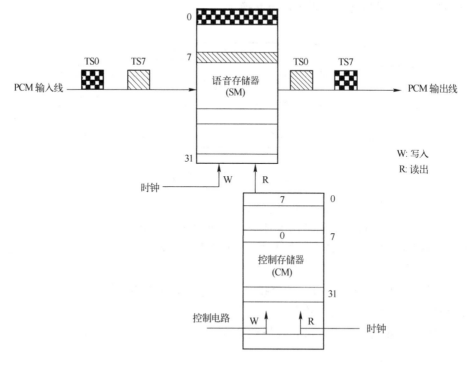

图 4.5 时分交换网络原理

4.2.3 空分交换网络

空分交换网络可以完成不同 PCM 复用线上相同时隙间信息的交换，其示意图如图 4.6 所示。

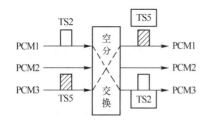

图 4.6 空分交换网络示意图

图 4.7 是空分交换原理图，图中画出了两条 PCM 电路，图的左侧是输入电路，即输入线；图的右侧是输出电路，即输出线。PCM 信号从输入线进来后，可以有选择地输出到任意一条输出线上。例如，图 4.7 中，要使输入 PCM0 复用线的 TS0 中的信码交换到输出 PCM1 中，输入 PCM1 的 TS14 中的信码交换到输出 PCM0 中，则在 TS1 时刻，在 CM0 的控制下，使交叉点 1 闭合，把输入 PCM0 中该时刻的信码直接传输到输出 PCM1 中；同理，将输入 PCM1 的 TS14 中的信码交换到输出 PCM0 中，只要在 TS14 时刻，在 CM1 的控制下，使交叉点 2 闭合。

上述这种工作方式是输入控制方式，它对应的每一条 PCM 输入复用线就有一个 CM，由这个 CM 决定该输入 PCM 线上各时隙中的信码经过哪一个交叉点交换到输出的哪一条 PCM 复用线上；另一种控制方式是输出控制方式。能完成空分交换的电路称为空分接线器或 S 型接线器。

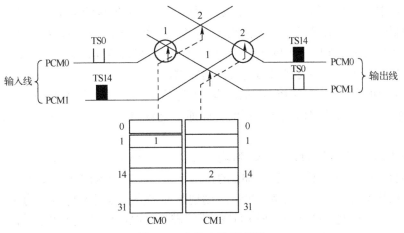

图 4.7 空分交换原理图

4.2.4 多级交换网络

交换机的交换网络可以是单级 T 接线器，但对于大型交换机，则应采用多级组合方案。其中，TST 和 STS 交换网络是最基本的两种组合形式，尤其是 TST 网络，由于其成本低、路由选择简单，从 20 世纪 80 年代开始就被广泛采用。

TST 交换网络是三级交换网络，输入、输出级都是时分接线器，中间是空分接线器。图 4.8 给出了一个 TST 交换网络的结构。

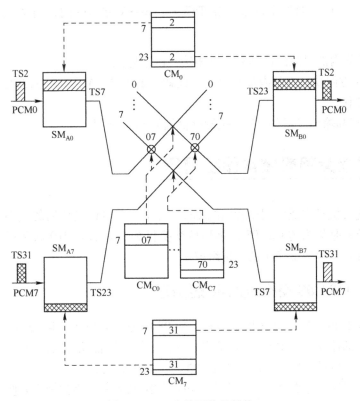

图 4.8 TST 交换网络的结构

在图 4.8 中，有 8 条输入 PCM 复用线，每条接至一个 T 接线器即输入 T 级，采用"顺序写入、控制读出"工作方式；有 8 条输出 PCM 复用线从输出 T 级接出，采用"控制写入、顺序读出"工作方式，相应的中间级 S 接线器为 8×8 交叉矩阵，其输出、输入线对应地接到两侧的 T 接线器上，S 接线器采用输入控制方式。

下面以 PCM0 的时隙 2 与 PCM7 的时隙 31 通话为例，说明 TST 交换网络的工作原理。因为数字交换机中的通话路由是四线制的，即通信是双向的，所以应建立 A→B 和 B→A 两条路由。

A→B 方向的通话：PCM0 的 TS2 到输入 T 级，它是顺序写入，控制在 TS7 读出（此 TS7 称为内部时隙）。中间的 S 级在 CM_{00} 的控制下，在 TS7 时刻闭合交叉点 07，送至输出级 T 级。输出 T 级是控制写入，控制在 TS7 时刻把脉冲码信息送至 SM_{B7} 地址为 31 的存储单元，然后再顺序读出，即在 TS31 读出送至 PCM7 的 TS31，完成 A→B 方向的通话。

B→A 方向的通话：脉冲码信息由 PCM7 的 TS31 送来，顺序写入输入 T 级，在 CM_{C7} 控制下于 TS23 读出。空分级在 CM_{C7} 的控制下，在 TS23 时刻闭合交叉点 70，送至输出 T 级。输出 T 级控制写入 SM_{B0} 单元 2，顺序读出时再送到 PCM0 的 TS2，完成 B→A 方向的通话。

这里，内部时隙的选取采用"反相法"。所谓反相法就是设 A→B 方向的内部时隙选定为时隙 i，则 B→A 所用的内部时隙序号 j 由下式决定：

$$j = i + \frac{n}{2}$$

式中，n 为接到交叉矩阵的复用线上的复用的时隙总数，上例中给出的 TST 网络复用的时隙总数为 32，当 A→B 方向选用内部时隙 TS7 时，B→A 方向的内部时隙就采用 $7 + \frac{32}{2} = 23$ 时隙。

TST 交换网络内部时隙的选择采用反相法有以下好处：

① 在 A→B 方向找到空闲内部时隙时，也就决定了 B→A 方向的内部时隙，因此减少了空闲时隙测选工作。

② 输入 T 级和输出 T 级的 CM（控制存储器）可以合用。

4.3　程控交换机硬件设备介绍

数字程控交换机已广泛应用于我国的 PSTN 之中，是电话交换局的核心交换设备。而现网中应用较广泛的是华为的 C&C08 数字程控交换机和中兴的 ZXJ10 数字程控交换机。下面分别介绍这两种数字程控交换机的系统组成。

4.3.1　C&C08 交换机的系统组成

C&C08 数字程控交换系统（以下简称 C&C08）是华为技术有限公司为适应我国 PSTN 网络大规模建设的需要，于 1997 年开发成功的大容量数字程控交换设备。

C&C08 具有大容量、高可靠性、高处理能力、高集成度、低功耗，支持标准 STM－1 光/电接口，具有丰富的业务提供能力，强大、灵活的组网能力，维护操作方便实用，支持软件补丁功能，支持在线扩容。C&C08 在硬件上采用模块化的设计思想，整个交换系统由一个中心模块和多个交换模块（SM）组成，其体系结构如图 4.9 所示。

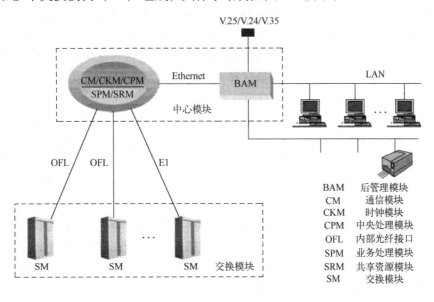

图 4.9　C&C08 的系统组成

1. 中心模块

中心模块是 C&C08 的枢纽部件，主要完成核心控制与核心交换功能，并提供交换机主机系统与计算机网络的接口，完成操作、维护、管理、计费、告警、网管等 OAM 功能。

中心模块按照模块化的思想进行设计，主要由管理/通信模块（AM/CM）、时钟模块（CKM）、业务处理模块（SPM）和共享资源模块（SRM）组成。管理/通信模块（AM/CM）是管理模块（AM）和通信模块（CM）的总称，其中，AM 由中央处理模块（CPM）和后管理模块（BAM）组成，CM 由通信控制模块（CCM）、中央交换网（CNET）以及线路接口模块（LIM）组成。中心模块的层次结构如图 4.10 所示。

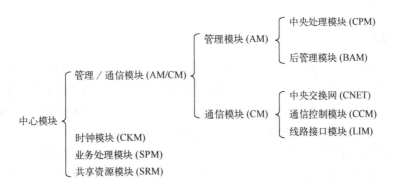

图 4.10　中心模块层次结构

① 管理模块（AM）主要负责模块间呼叫的接续管理与控制，并提供交换机主机系统与外部计算机网络的接口。

中央处理模块（CPM）：也称前管理模块，主要负责整个交换系统的模块间呼叫接续管理，完成系统全局数据的存储和处理，并负责管理和维护中心模块的设备。

后管理模块（BAM）：负责提供交换机主机系统与外部计算机网络的接口，通过安装并运行终端管理软件，完成对交换机的操作、维护、管理、计费、告警、网管等 OAM 功能。

② 通信模块（CM）主要负责 SM 模块间话路和信令链路的接续，完成核心交换功能。

中央交换网（CNET）：由时隙交换网和网络控制两部分组成，主要负责时隙分配和接续控制，完成语音业务或数据业务的交换。

通信控制模块（CCM）：是模块间通信的核心，主要用于完成各模块间（包括 CPM、CNET、SPM、LIM、SM 等）通信控制数据的传递，因此，也称信令交换网。

线路接口模块（LIM）：完成业务数据与信令数据的复合和分解，提供传输线路驱动接口，使中心模块与交换模块、接入网设备、远端用户模块或中继传输设备相连。

③ 时钟模块（CKM）的主要功能是同步上级局的基准时钟信号，为交换系统提供符合国标要求的 2MHz、8kHz 等帧同步信号，使 C&C08 与整个 PSTN 网络同步工作。

④ 业务处理模块（SPM）主要负责处理与中继接口业务相关的各种信令或协议。

⑤ 共享资源模块（SRM）主要负责提供 SPM 模块在处理业务过程中所必需的各种资源，如各种信号音、双音收号器资源等。

2. 交换模块

交换模块（SM）具有独立交换功能，主要用于实现模块内用户的呼叫及接续的全部功能，并配合中心模块完成模块间的交换功能。SM 在功能上独立于中心模块，可提供分散数据库管理、呼叫处理、维护操作等各种功能，是 C&C08 的核心部件之一。

4.3.2　ZXJ10 交换机的系统组成

ZXJ10 数字程控交换系统（以下简称 ZXJ10）采取集中式管理，模块间全分散、模块内分级控制的构架。同时它以通用计算机平台为基础，局域网技术为支撑，客户－服务器方式为控制结构的基本形态，使系统具备灵活的组网能力、强大的呼叫处理能力、高可靠性、良好的兼容性和扩展性。

1. 硬件结构

ZXJ10 采用全分散的控制结构，根据局容量的大小，可由一个到数十个模块组成，另根据业务需求和地理位置的不同，可由不同模块扩张完成，除 OMM 模块外，每一种模块都有一对主备的主处理机（MP）和若干从处理机（SP）以及一些单板组成。ZXJ10 前台网络包括 PSM、SNM、MSM、RSM、RLM，后台网络包括 OMM。

ZXJ10 系统组成框图如图 4.11 所示，在 ZXJ10 系统中，所有重要设备均有主备，包括 MP、T 网、交换网驱动板、通信板、光接口板、时钟设备以及用户单元处理机等。

ZXJ10 系统中有两大类组网方式：一类是单模块成局，另一类是多模块组网。而多模块组网中又包括两种组网方式，一种是以中心模块（MSM＋SNM）为第一级的多模块组网，另一种是以外围交换模块（PSM）为第一级的组网。但无论是哪种组网方式都缺少不了 PSM，故 PSM 是 ZXJ10 中最核心的模块，下面重点介绍一下 PSM。

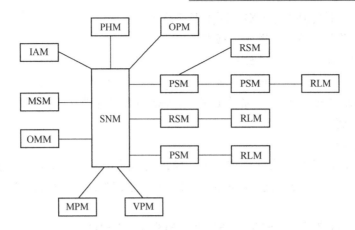

OMM—操作维护模块；PSM—外围交换模块；RSM—远端交换模块；RLM—远端用户模块；
PHM—分组交换模块；SNM—中心交换模块；OPM—复合应用平台；MPM—移动外围模块；
VPM—访问外围模块；MSM—消息处理模块；IAM—Internet 接入模块

图 4.11　ZXJ10 系统组成框图

（1）外围交换模块（PSM）

PSM 的主要功能有：单模块成局完成 PSTN、ISDN 用户接入和呼叫处理，多模块组网时作为其中一个模块局接入中心模块，可作为移动交换系统接入中心局。PSM 的硬件结构如图 4.12 所示。

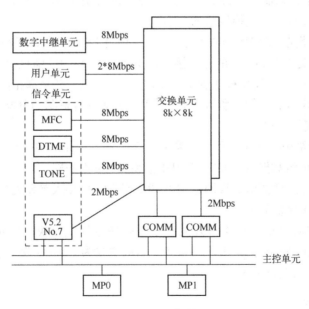

图 4.12　PSM 硬件结构图

PSM 采用多处理机分级控制方式，它由以下基本单元组成。

① 主控单元：MP、通信板和监控板。通信板单板能处理 32 个 64kbps HDLC 信道，可作为 MP‒SP、MP‒MP 通信板，7 号信令板，V5.2 通信信道板和 30B＋D 的 D 信道板。

② 交换单元：8k 数字交换网 DSN 和交换网接口板 DSNI。

③ 时钟单元：时钟基准板 CKI，同步振荡器 SYCK。

④ 外部接口单元：数字中继接口板 DTI。

⑤ 信令单元：模拟信令板 ASIG。

⑥ 用户单元：每 960 线（即 960 个模拟电话用户）有 40 块模拟用户板 ASLC（或数字用户 DSLC）。每块 ASLC 板含 24 路模拟用户，每块 DSLC 板含 12 路数字用户。用户单元有两块主备用的 SP 管理。

（2）远端交换模块（RSM）

RSM 模块和 PSM 模块的内部结构完全一样，只不过 PSM 到中心网的话路时隙较多，且固定为 2040 个时隙；而 RSM 到中心网的话路时隙一般较少，且可以以 32 时隙为单位增加，灵活可调。

（3）中心交换网络模块（SNM）与消息交换模块（MSM）

SNM 与 MSM 共同组成中心模块。SNM 的主要功能是完成 PSM 与 PSM 之间的话路交换。MSM 的功能是完成模块间消息的交换，控制消息首先被送到 SNM，然后由 SNM 的半固定连接将消息送到 MSM。

（4）操作维护模块（OMM）

OMM 也称为后台操作系统，采用集中维护管理的方式，使用 TCP/IP、Windows 2000/NT 操作系统，用于监控和维护前台交换机的数据、业务、话单、测试等。

（5）移动交换模块（MPM）和 VLR 模块（VPM）

在具有先进功能的 ZXJ10 平台上，通过增加无线模块 MSC 和 VLR 模块，构成 MPM 和 VPM，形成了 ZXG10 的移动交换网络的核心。

MPM 的主要功能是实现 MSC 的有关功能，提供至 BSS 的语音中继和信令链路，提供至 PSTN 的语音中继，提供至 PLMN 的链路接口，支持与 VPM 间的消息交互。

VPM 模块的结构只比 MPM 模块少了 ASIG 模拟信令板，其余都相同，功能也大致相同。主要功能是实现 VLR 有关功能，负责 TMSI 和 MSRN 等临时资源的分配与管理。

（6）分组交换模块（PHM）

PHM 模块物理结构以 PSM 为平台，采用 X.25，支持 CaseA 和 CaseB 两种呼叫形式。

CaseA：B 通道分组数据由 PHM、COMM 板和 MP 负责处理。

CaseB：B 通道分组数据由交换网送到 PSPDN 侧的 AU 接入单元处理。

（7）Internet 接入模块 IAM

IAM 模块是在 ZXJ10 的平台上开发的，由呼叫信令处理模块、MODEMPOOL 模块和协议处理模块构成，为 ZXJ10 增加 IP 相关业务，目前主要为 Internet 接入和 IP 电话/传真。向用户提供对网络的远程访问服务。

2. 软件总体结构

ZXJ10 软件设计遵循结构化、模块化和开放性的原则，层次间只单向调用，采用原语方式，而同层次的各模块间以明确的消息接口方式，为增值业务的引入提供了开放的接口。在程序设计时，引入 CCITT 推荐的 SDL 语言，采用面向对象的设计技术，达到了软件设计的可靠性、可维护性、可移植性、实时性和可读性的目标。

ZXJ10 的软件按主要的功能模块可看做是由以下几部分组成的：

① 基本呼叫接续业务；

② No. 7 信令系统；

③ 综合业务接入系统；

④ 窄带 ISDN 系统；

⑤ 操作维护系统；

⑥ 智能网；

⑦ 网管系统。

4.4 信令系统

为了保证通信网的正常运行，完成网络中各部分之间信息的正确传输和交换，以实现任意两个用户之间的通信，必须具有完善的信令系统。信令系统是通信网中各个交换局在完成各种呼叫接续时所采用的一种通信语言。

4.4.1 信令简介

在一次电话通信中，语音信息之外的信号统称为信令。电话通信网将各种类型的电话机和交换机连成一个整体。为了完成全程全网的接续，在用户与电话局的交换机之间，以及各电话局的交换机之间，必须传送一些信号。对各交换机而言，要求这些信号从内容、形式及传送方法等方面，协调一致，紧密配合，互相能识别、了解各信号的含义，以完成每个电话接续。

图 4.13 是一次电话接续过程中所需的基本信号及其传送顺序的示意图。

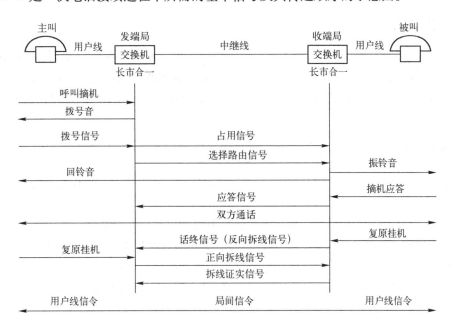

图 4.13 电话接续的基本信令

可以看出，在电话接续过程中有以下基本信令：

① 当主叫用户摘机时，向发端交换机发出呼叫信号。

② 发端交换机向主叫用户送出拨号音。

③ 主叫用户听到拨号音随即拨号。

④ 发端交换机根据被叫用户号码选择局间路由及空闲中继线。

⑤ 从已选好的中继线向收端交换机送出占用信令，再将有关的路由信号及被叫用户号码送给收端交换机。

⑥ 收端交换机根据被叫用户号码将呼叫接到被叫用户，并向被叫用户振铃，同时向主叫用户回铃。

⑦ 被叫用户摘机应答，双方通话；同时，发端交换机开始统计通话时长并计费。

⑧ 话终时，主叫或被叫用户挂机；同时，向各自端局交换机送出挂机信号。

⑨ 交换机及线路复原。

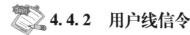 4.4.2 用户线信令

在用户线传送的信令是用户线信令，用户线上信令的结构和传送方式都很简单。用户线信令大体可分为三类：用户状态信令、数字信令及各类信号音。

1. 用户状态信令

由用户话机的叉簧对电话局的交换机构成直流回路或切断直流回路来产生。构成直流回路表示用户摘机，占用交换机终端设备，处于忙状态；切断直流回路，表示用户挂机，释放话局终端设备，表示空闲状态。

2. 数字信令

数字信令又称为选择信号，即主叫用户的拨号信号。对于脉冲拨号方式，由话机产生一串直流脉冲送给电话局，这一连串的直流脉冲可看成挂机和摘机状态信号的有序组合；对于双音频拨号方式，采用编码的双音多频信号，每按一个键，都向用户线送出由某两个频率组成的一个数字信号。

3. 各类信号音

信号音是电话局送往用户的信号，电话局通过使用不同的信号音来通知用户接续状况。例如：

① 拨号音为450Hz的连续信号，用来通知主叫用户可以开始拨号。

② 回铃音为450Hz的1s续、4s断的信号，表示该次呼叫接续成功，被叫用户被振铃。

③ 铃流为25Hz的1s续、4s断的正弦信号，表示呼叫被叫用户。

④ 忙音用450Hz的0.35s续、0.35s断的信号，表示电话局设备忙或被叫用户忙。

4.4.3 局间信令

由于目前使用的交换机制式和中继传输信道的类型很多，因而其间传送的信令也比较复

杂。为了统一局间信令，CCITT 提出了 CCITT1～CCITT7 号以及 R1、R2 系统的建议。其中，CCITT1～CCITT5 号与 R1、R2 均属随路信令；CCITT6 是根据程控模拟交换机提出的共路信令，可工作于模拟和数字信道；而 CCITT7 是 1980 年提出的最适合于程控数字交换机的共路信令。前一阶段，我国使用较多的仍是随路信令，但陆续有许多程控交换局已跳过（CCITT6）6 号信令，而直接采用了（CCITT7）7 号信令。

1. 中国 1 号信令

中国 1 号信令是一种随路信令。这种信令是将话路需要的各种控制信号（如占用、应答、拆线、拨号等）由该话路本身或与之有固定联系的一条信令通路（信道）来传送，即用同一通路传送话间信息和与其相应的信令。中国 1 号信令包括线路信号和记发器信号两部分。图 4.14 是随路信令方式示意图。

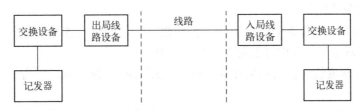

图 4.14　随路信令方式示意图

（1）线路信号

线路信号在出、入中继器与去、来话设备之间传送，它是监视局间中继线上呼叫状态的信号，有前向与后向、模拟与数字之分。线路信号一般包括示闲、占用、应答、拆线等信号，线路信号主要有直流信号、交流信号和数字型信号三种不同的类型。目前，直流信号已基本被淘汰，局间线路信号以交流信号和数字型信号为主。当信号传输需经过多段中继线路时，为了提高可靠性，一般采用"逐段识别、校正后再转发"的方式来传送。

（2）记发器信号

记发器信号主要包括选择路由所需的地址信号。因其是在用户通话之前传送，因而可以利用语音频带实现传送。记发器信号过去采用单频或双频，现在广泛采用传送速度快、有检错能力的带内多频信号。记发器信号也分为前向信号和后向信号。多频信号有脉冲式多频信号和互控式多频信号两种结构方式，中国 1 号信令的记发器信号采用多频编码、连续互控、端到端的方式传送。所谓互控，是指每一个信号的发送和接收都有一个互控过程。

一个互控过程有四个节拍：

① 第一拍，发送端先发一个前向信号。

② 第二拍，接收端识别到前向信号后立即回送一个后向信号，证实已收到前向信号。

③ 第三拍，发送端识别到后向信号，立即切断所发送的前向信号。

④ 第四拍，接收端识别前向信号已经停发，也立即停发后向信号。当发送端识别到后向信号停发后，可以发送下一个前向信号。

上述四拍过程可以简单记忆为"发前向、回后向、停发前向、停发后向"。

2. 7 号信令

CCITT7 号信令是目前最先进、应用最广泛的一种国际标准化共路信令系统，这种信令方式是将话路信道和信令信道分开，话路信道只传送语音信号，信令从各话路中移出，在专门设置的信令信道中进行传送。另外，由于信令传送时间较短，可采用一群话路的信令共用一条信道来传送，即这一条信令信道是多条话路所公用的，随路信令方式示意图如图 4.15 所示。

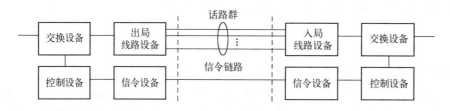

图 4.15　随路信令方式示意图

（1）共路信令的优点

① 信号容量大，可容纳信号类别几十种到数百种，能适应各种新业务的要求，可提供各种新的网络管理信号、集中计费信号和维护信号等。

② 信号传送速度快，使交换机建立呼叫的接续时间大为缩短，提高了传输设备和交换设备的使用效率。

③ 在通话期间仍可传送信号。因公共信道信令系统中，信令信道与话路完全分开，故通话不会因传送信号而受到干扰。

④ 信号设备投资经济、合理。

（2）结构

7 号信令系统的结构可按其基本功能划分为两部分，如图 4.16 所示。

① 公共的消息传递部分（MTP）：它为正在通信的用户之间提供信号的可靠传递。

② 适用不同用户的独立用户部分（UP）：是消息传递部分的功能实体，如电话用户部分、数据用户部分等。

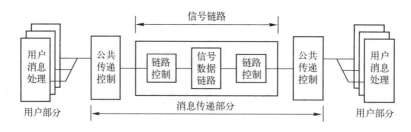

图 4.16　7 号信令的基本结构

（3）功能级

7 号信令系统的组件可按功能级的概念进一步细分为：消息传递部分分为三个功能级，用户部分为第四个功能级，按功能级划分的结构如图 4.17 所示。

下面介绍消息传递部分的三个功能级。

① 信令数据链路功能级（第一级）：是用于信号双向传递的通路，它由以同一个数据速率在相反方向上工作的两个数据通路组成。

② 信令链路功能级（第二级）：提供信令两端的信号可靠传送。它包括差错检测、差错

校正、差错率监视、流量控制等。

　　③ 信令网功能级（第三级）：分为信令消息处理和信令网管理两部分。当信令网中某些点或传输链路发生故障时，它保证信令网仍能可靠传递各种信令消息。它规定在信令点之间传送管理消息的功能和程序。

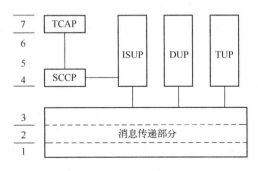

图 4.17　7 号信令分级功能结构

　　用户功能部分级为 7 号信令系统的第 4 级，该级由不同的用户部分组成，不同用户的用户部分功能可以大不相同，每一用户部分规定系统内某种用户专用的信令系统的功能和过程。

　　在整个系统中，可容纳 16 种国内"用户部分"，如电话用户部分（TUP）、数据用户部分（DUP）、ISDN 用户部分（ISUP）等。

　　信令连接控制部分（SCCP）用于加强 MTP 功能。MTP 只能提供无连接的消息传递功能，而 SCCP 可提供定向连接和无连接的网络业务。

　　SCCP 可以在任意信令点之间传递与呼叫控制信号无关的各种信令信息和数据，这样它可以满足 ISDN 多种用户补充业务的信令要求，为传送信令网的维护运行和数据信息管理提供可能。

　　事务处理应用部分（TCAP），其中 TC（事务处理能力）是指网络中分散的一系列应用在互相通信时所采用的一组协议和功能，是目前众多电话网提供智能业务和信令网的运行、管理、维护等功能的基础。

4.5　软交换技术

　　软交换（SS）概念是 20 世纪 90 年代后期在 IP 电话的基础上逐步发展起来的，是在通信网由窄带向宽带过渡，由电路交换向分组交换演进的过程中逐步完善的。它继承了电信网集中控制的架构和可靠的信令技术，采用分层的机构实现了呼叫控制和媒体处理相分离的原则。软交换概念出现后，中国通信标准化组织（CCSA）及时地引入该术语，积极开展了软交换相关设备和协议的标准化工作。在设备厂商的推动和运营商的积极推广下，经过几年的发展，软交换在国内电信、移动、网通等运营商的网络上实现了大规模的商用。运营商采用软交换技术实现了公共交换电话网（PSTN）向下一代网络（NGN）的演进，通过引入彩铃、"一号通"等新业务实现了业务收入的持续增长，并降低了总体运营成本。

　　软交换技术的核心思想是控制与承载相分离，它有以下十大功能。

1. 媒体网关接入功能

媒体网关功能是接入 IP 网络的一个端点/网络中继或几个端点的集合，它是分组网络和外部网络之间的接口设备，提供媒体流映射或代码转换的功能。例如，PSTN/ISDN IP 中继媒体网关、ATM 媒体网关、用户媒体网关、综合接入网关等，支持 MGCP 和 H.1248/MEGACO 来实现资源控制、媒体处理控制、信号与事件处理、连接管理、维护管理、传输、安全等多种复杂的功能。

2. 呼叫控制和处理功能

呼叫控制和处理功能是软交换的重要功能之一，可以说是整个网络的灵魂。它可以为基本业务/多媒体业务呼叫的建立、保持和释放提供控制功能，包括呼叫处理、连接控制、智能呼叫触发检出、资源控制等。支持基本的双方呼叫控制功能和多方呼叫控制功能，多方呼叫控制功能包括多方呼叫的特殊逻辑关系、呼叫成员的加入/退出/隔离/旁听等。

3. 业务提供功能

在网络从电路交换向分组交换的演进过程中，软交换必须能够实现 PSTN/ISDN 交换机所提供的全部业务，包括基本业务和补充业务，还应该与现有的智能网配合提供智能网业务，也可以与第三方合作，提供多种增值业务和智能业务。

4. 互连互通功能

下一代网络并不是一个孤立的网络，尤其是在现有网络向下一代网络的发展演进中，不可避免地要实现与现有网络的协同工作、互连互通、平滑演进。例如，可以通过信令网关实现分组网与现有 7 号信令网的互通；可以通过信令网关与现有智能网互通，为用户提供多种智能业务；可以采用 H.323 实现与现有 H.323 体系的 IP 电话网的互通；可以采用 SIP 实现与未来 SIP 网络体系的互通；可以采用 SIP 或 BICC 与其他软交换设备互连；还可以提供 IP 网内 H.248 终端、SIP 终端和 MGCP 终端之间的互通。

5. 协议功能

软交换是一个开放的、多协议的实体，因此必须采用各种标准协议与各种媒体网关、应用服务器、终端和网络进行通信，最大限度地保护用户投资并充分发挥现有通信网络的作用。这些协议包括 H.323、SIP、H.248、MGCP、SIGTRAN、RTP、INAP 等。

6. 资源管理功能

软交换应提供资源管理功能，对系统中的各种资源进行集中管理，如资源的分配、释放、配置和控制，资源状态的检测，资源使用情况统计，设置资源的使用门限等。

7. 计费功能

软交换应具有采集详细话单及复式计次功能，并能够按照运营商的需求将话单传送到相应的计费中心。

8. 认证与授权功能

软交换应支持本地认证功能，可以对所管辖区域内的用户、媒体网关进行认证与授权，以防止非法用户、设备的接入。同时，它应能够与认证中心连接，并可以将所管辖区域内的用户、媒体网关信息送往认证中心进行接入认证与授权，以防止非法用户、设备的接入。

9. 地址解析功能

软交换设备应可以完成 E.164 地址至 IP 地址、别名地址至 IP 地址的转换功能，同时也可以完成重定向的功能。对于号码分析和存储功能，要求软交换支持存储主叫号码 20 位，被叫号码 24 位，而且具有分析 10 位号码然后选取路由的能力，具有在任意位置增、删号码的能力。

10. 语音处理功能

软交换设备应可以控制媒体网关是否采用语音信号压缩，并提供可以选择的语音压缩算法，算法应至少包括 G.729、G.723.1 算法，G.726 算法可选。同时，可以控制媒体网关是否采用回声抵消技术，并可对语音包缓存区的大小进行设置，以减少抖动对语音质量带来的影响。

随着通信技术的进一步发展，软交换将逐步取代传统的程控交换技术，使用户能够获得更多、更好的服务。

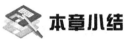 本章小结

电话是最基本的通信方式，起步最早、历史最长、使用最方便，因此至今仍广泛使用。电话交换技术从人工发展到自动，从机械发展到电子，从模拟发展到数字，随着科学技术的发展而不断地更新换代。电话通信网把不同地域的电话机连接起来，从而达到任意通话的目的。不同的连接线也有不同的名称，如中继线、用户线等。一台程控交换机包含硬件和软件两大部分，其中硬件部分由交换网络、用户电路、中继器、扫描器、驱动器、CPU、存储器等基本单元组成。

程控交换机内传送和处理的是数字信号，因此要采用数字交换技术。数字交换技术的实质是一种时隙交换。时隙交换的具体过程可分为时分交换和空分交换。时分交换完成相同PCM 复用线不同时隙信息的交换，由 T 型接线器实现；空分交换完成不同 PCM 复用线相同时隙信息的交换，由 S 型接线器实现。将多个 T 型接线器和 S 型接线器组合起来，构成组合交换网络，可进行大规模交换。常用的 TST 多级交换网络即可完成任意时隙之间的交换。

数字程控交换机已广泛应用于我国的 PSTN 之中，是电话交换局的核心交换设备。而现网中应用较广泛的是华为的 C&C08 数字程控交换机和中兴的 ZXJ10 数字程控交换机。

C&C08 具有大容量、高可靠性、高处理能力、高集成度、低功耗，支持标准 STM-1 光/电接口，具有丰富的业务提供能力，强大、灵活的组网能力，维护操作方便实用，支持软件补丁功能，支持在线扩容。C&C08 在硬件上采用模块化的设计思想，整个交换系统由一个中心模块和多个交换模块（SM）组成。

ZXJ10 数字程控交换系统采用集中式管理，模块间全分散、模块内分级控制的构架。同时它以通用计算机平台为基础，局域网技术为支撑，客户－服务器方式为控制结构的基本形态，使系统具备灵活的组网能力、强大的呼叫处理能力、高可靠性、良好的兼容性和扩展性。

　　为完成一次通话接续，交换机要发送许多控制指令，即信令。通过传送信令，使交换系统内各部分之间、交换系统之间、交换系统与终端设备之间能够协调工作。按传送信道分，有随路信令和共路信令，1 号信令是随路信令，包括线路信号和记发器信号，7 号信令是共路信令，按基本功能分为两部分，按功能级又可进一步细分。目前，7 号信令是共路信令中应用最广泛的一种信令方式。

　　软交换（SS）概念是 20 世纪 90 年代后期在 IP 电话的基础上逐步发展起来的，是在通信网由窄带向宽带过渡，由电路交换向分组交换演进的过程中逐步完善的。它继承了电信网集中控制的架构和可靠的信令技术，采用分层的机构实现了呼叫控制和媒体处理相分离的原则。

 思考题与习题

　　4.1　人工交换与自动交换有哪些区别？

　　4.2　简述程控交换机的硬件组成并说明各部分的功能。

　　4.3　一条 PCM 线上各时隙间的内容是如何进行交换的？两条 PCM 线之间对应时隙的内容又如何进行交换？

　　4.4　数字交换网络中的 T 型和 S 型接线器的作用、组成、工作方式各有何不同？

　　4.5　时分接线器如图 4.18 所示，其语音存储器有 64 个单元，采用"顺序写入、控制读出"方式。现要求把输入复用线上 TS5 的信息 A 交换到输出复用线 TS60 上，并把输入复用线的 TS60 的信息 B 交换给输出复用线的 TS5。在图中"?"处填入相应的数字或符号。若采用"控制写入、顺序读出"方式时，在图中"?"处应填入什么数字或符号？

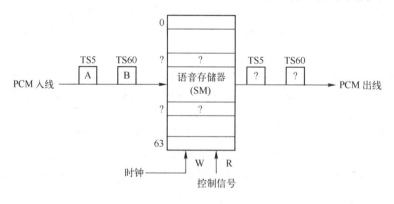

图 4.18　时分接线器

　　4.6　简述 C&C08 的优点。

　　4.7　画出 C&C08 的中心模块层次结构图。

4.8　简述 ZXJ10 的特点

4.9　画出 PSM 硬件结构图。

4.10　什么是信令？如何分类？

4.11　请说明随路信令与共路信令的区别。

4.12　什么是用户线信令？什么是局间信令？各举出三种。

4.13　请说明时分交换与时隙交换的有何不同。

4.14　中国 1 号信令规定了哪两种信号？各采用何种传送方式？

4.15　7 号信令有何优点？基本组成部分是什么？

4.16　简述软交换技术的十大功能。

第5章　移动通信技术

通信是指以任何方法用任何传输媒介将信息从一个地方传到另一个地方。通信过程就是一个信息交换的过程，这里所交换的信息可以是声音、图像、数据、多媒体等信息。通信是人类交流信息的重要手段，从古代最原始的光通信、声通信到现代的有线及无线电通信、计算机通信、光纤通信、卫星通信、移动通信，通信技术经历了无数次的变革，每一次变革都把人类的通信事业向前推进了一大步。

5.1　移动通信概述

移动通信，就是指通信的双方至少有一方是在移动（或暂时静止）中进行信息交换的。其中包括移动台（如在汽车、火车、飞机、船舰等移动体上）与固定台之间的通信，以及移动台与移动台之间的通信。

现代移动通信技术不但集中了无线通信和有线通信的最新技术成就，而且也集中了计算机技术和网络技术的许多成果。目前，移动通信已从模拟移动通信阶段发展到了数字移动通信阶段，并且正朝着个人通信这一更高阶段发展。未来移动通信的发展目标是：在任何时间、任何地点向任何个人提供快速、可靠的通信服务。

5.1.1　移动通信的发展历史

移动通信的发展历史可以追溯到19世纪末20世纪初。1895年，无线电发明之后，莫尔斯电报首先应用于船舶通信。1899年11月，美国"圣保罗"号邮船在行驶中收到了从150km外的怀特岛发来的无线电报信号，这就向世人宣告了一个新生事物——移动通信的诞生。回顾移动通信一百多年的发展历史，大致经历了以下六个阶段。

第一阶段：从20世纪20年代至40年代，这一阶段是移动通信的早期发展阶段。在此期间移动通信的使用对象是船舶、航空、警车等专用无线电通信及军事通信，主要使用短波频段。其典型代表是美国底特律市警察使用的车载无线电系统，该系统工作频率为2MHz，到20世纪40年代提高到30～40MHz。

第二阶段：从20世纪40年代中期至60年代初期，在此期间，公用移动通信业务问世，移动通信所使用的频率开始向更高的频段发展。1946年，美国在圣路易斯城建立起世界上第一个公用汽车电话网，称为"城市系统"。此后，西德、法国、英国等一些国家也相继组建了公用汽车电话网络，开通了汽车电话业务。这些系统主要使用甚高频VHF的150MHz频段和特高频UHF的450MHz频段，信道间隔为50～120kHz，通信方式为单工，接续方式为人工接续。此时的移动通信网络大都属于二级结构网，网络体制采用大区制，可用的信道数较少，因此系统容量也较小。

第三阶段：从 20 世纪 60 年代中期至 70 年代中期，这一阶段是移动通信系统改进与完善的阶段。在此阶段，推出了自动交换式的三级结构网，系统的工作频率为 150MHz 和 450MHz，信道间隔已缩小到 20～30kHz，采用大区制、中小容量的网络体制，信道数目得以增加，而且实现了无线信道的自动选择，并能够自动接续到公用电话网。其典型代表是美国的改进型移动电话系统（IMTS）。

第四阶段：从 20 世纪 70 年代中期至 80 年代中期，这一阶段是模拟移动通信系统蓬勃发展的时期。1978 年底，美国的贝尔实验室研制并建成了蜂窝状移动通信网，大大提高了频率的利用率，增大了系统容量。在此期间，其他工业化国家也相继开发出模拟蜂窝式公用移动通信网，在全世界范围内基本上形成了几种典型的模拟蜂窝移动通信系统。其中有北美的 AMPS、英国的 TACS、日本的 HCMTS、北欧的 NMT，这些系统分别采用 400MHz、450MHz、800MHz 和 900MHz 工作频段，信道间隔为 12.5～30kHz。

第五阶段：从 20 世纪 80 年代中期至 20 世纪末，这一阶段是数字移动通信系统发展和成熟的时期。随着通信网络的数字化，模拟蜂窝移动通信系统频谱利用率低、互不兼容、不利于漫游、保密性差等弱点逐步暴露了出来，更重要的问题是其容量已远远不能满足日益增长的用户的需求。从 20 世纪 80 年代中期开始，欧、美、日等国都着手开发并相继建成了数字蜂窝移动通信系统，其中以欧洲的 GSM、美国的 DAMPS、日本的 PDC 等系统为代表，它们不但能克服上述模拟蜂窝系统的弱点，而且还能提供语音、数据等多种业务服务，并与综合业务数字网（ISDN）相兼容。在此阶段，更值得一提的是美国高通公司研制的窄带 CD-MA（CDMA IS–95）系统，与其他数字蜂窝系统相比它具有更高的频谱利用率、更大的系统容量、更强的抗干扰能力和保密能力、更好的语音质量、更低的设备成本和更长的待机时间。

第六阶段：从 21 世纪开始，移动通信开始向宽带多媒体方向发展。数字蜂窝移动通信系统是以语音通信为主、数据通信为辅而设计的，并不具备高速率数据通信的能力。随着计算机网络技术的发展，基于 IP 技术的宽带多媒体业务也被应用到移动通信中，宽带多媒体数字蜂窝移动通信系统应运而生。典型的系统 IMT–2000，它能够提供语音业务和数据速率高达 2Mbps 的宽带多媒体业务，其主流标准包括美国和韩国主导的 CDMA 2000、欧洲和日本主导的 WCDMA 以及具有中国自主知识产权的 TD–SCDMA。

我国移动通信事业起步于军事移动通信，公用移动通信起步较晚，但发展速度较快。原邮电部于 1986 年组建了以英国的 TACS 体制为主的模拟移动通信网络（1G），相继引进了美国 Motorola 公司、瑞典 Ericsson 公司的手机，开通了移动电话业务。纵观我国公用移动通信系统的发展，先后经历了第 1 代移动通信系统（1G），A 网、B 网；第 2 代移动通信系统（2G），G 网、D 网、C 网；第 3 代移动通信系统（3G），W 网、CD 网、TD 网。

1. A 网和 B 网

A 网和 B 网也称为模拟网，是我国早期建设的移动电话网，各地区分别建设，时间先后不同，各自引进不同的爱立信和摩托罗拉两大移动电话系统。A 网和 B 网的区别是工作频段不同，A 网地区的用户使用 A 网的手机，B 网地区的用户使用 B 网的手机。

B网的地区主要是在北京、天津、上海、河北、辽宁、江苏、浙江、四川、黑龙江、山东等地；A网的地区是北京、天津、上海以及除河北、山东以外的全国所有各省、地区。在大部分地区，A网和B网是共存的，但起初是互不兼容的。从1996年1月起，我国各省模拟移动电话系统实现了连网，在全国30个省市实现了自动漫游。

A网和B网采用的是TACS体制、FDMA多址方式以及模拟调制方式，这种系统的主要缺点是频谱利用率低、容量小、保密性差、语音质量低以及信令干扰语音。2001年12月底，模拟网被废止。

2. G网和D网

20世纪90年代中期，我国开始建设全球通GSM数字移动电话系统，这就是G网。GSM系统通信质量好、安全保密以及支持许多新业务功能，特别是具有漫游范围广泛的特点，因而被称为"全球通"。

G网工作于900MHz频段，采用TDMA多址方式以及数字调制方式，由于所占频带比较窄，随着移动用户数量的迅猛增长，G网达到了容量饱和的状态。为了满足日益增长的用户需求，后来又建设了D网。D网是指DCS1800系统，它在技术上和GSM900系统完全一致，只是工作于1800MHz频段。在许多城市是GSM900系统和DCS1800系统同时覆盖一个地区，称为全球通双频系统，如果使用GSM双频手机，就可以在G网和D网之间实现自动切换。

3. C网

20世纪90年代后期，中国联通开始在一些试点城市组建CDMA数字移动电话网络，这就是C网。C网工作于800MHz频段，采用扩频通信技术、CDMA多址方式。

CDMA是为现代移动通信网所需的大容量、高质量、综合业务、软切换、国际漫游等要求而设计的一种新型数字移动通信技术，它具有容量大、接通率高、噪声小、保密性强、发射功率低、业务类型多等特点。

4. W网、CD网和TD网

W网、CD网和TD网都属于3G网络，3G网络即第3代移动通信网络，它采用宽带码分多址接入技术，是将无线通信与多媒体通信相结合的新一代移动通信网络。3G除了能完成高质量的语音通信之外，还能处理图像、音乐、视频等多媒体信息，并提供网页浏览、电话会议、电子商务等信息服务。

3G的主流标准包括WCDMA、CDMA 2000和TD－SCDMA。2009年1月7日，工业和信息化部正式下发了3G牌照，明确了我国3G网络发展的新格局，即中国移动负责组建TD－SCDMA网络，中国联通负责组建WCDMA网络，中国电信负责组建CDMA 2000网络。

5.1.2　移动通信的特点

在移动通信中，移动台总是处在移动状态下接收信号，这就要求移动通信必须采用无线电波作为传输介质，与传统的固定通信相比，移动通信有其自身的特点。

1. 多径效应引起的信号衰落

在移动通信中，各接收点所接收的信号是由直射波和各反射波叠加而成的，如图 5.1 所示。这些电波都是从同一个天线发射出来的，由于到达接收点的路径不同，且移动台经常处于运动状态中，因而移动台接收到的各个信号的强度和相位会随时间、地点不断变化，其接收信号合成的场强是不同的，最大可相差 30dB 以上，这就是所谓的信号衰落，由于这种衰落是由多径效应引起的，所以也称为多径衰落。

多径衰落严重影响通信质量，在系统设计时，通常采用分集接收等技术来降低多径衰落的影响。

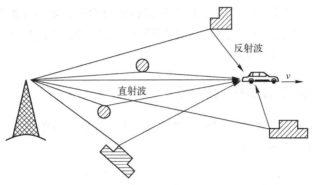

图 5.1 电波的多径传播

2. 强干扰环境下工作

移动通信的质量不仅取决于设备本身的性能，而且与外界的噪声和干扰有关。由于移动台经常处于移动状态中，外界环境变化很大，移动台很可能进入强干扰区工作。另外，接收机附近的发射机对通信质量的影响也很严重。移动通信中最常见的干扰有互调干扰、邻道干扰、同频干扰、多址干扰等，在系统设计时，应根据不同的外界环境，不同的干扰形式，采取不同的抗干扰措施。

3. 多普勒效应引起的寄生调频

当载体的运动速度达到一定程度时，固定点接收到的信号载波频率将随着载体的运动速度而改变，产生不同的频移，通常把这种现象叫做多普勒效应，如图 5.2 所示。

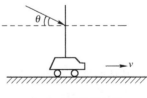

图 5.2 多普勒效应

因移动而产生的多普勒频移值为

$$f_a = \frac{v}{\lambda}\cos\theta$$

式中，v 为移动体的运动速度；

λ 为接收信号载波的波长；

θ 为电波到达时的入射角。

可见，移动速度越快，入射角越小，多普勒效应就越严重。多普勒效应会产生严重的寄生调频，对信号接收产生很大的影响，此时只有采用锁相技术才能正常接收到信号，所以移动通信设备都采用了锁相技术。

4. 多种形式的跟踪交换技术

由于移动台经常处于移动状态，而且移动台在不通信时发射机又总是处于关机状态，因此，为了实现实时可靠的通信，移动通信必须有其独特的跟踪交换技术，如位置登记、位置更新、越区切换及漫游访问等。

5. 频谱资源短缺

频谱资源短缺是困扰移动通信发展的瓶颈，随着移动通信的发展，用户数量与可用信道数的矛盾日益突出。为解决这一问题，除了开发新频段之外，更重要的是采用频带利用率高的调制技术。例如，采用各种窄带调制技术以缩小频道间隔，在时间域上采用多信道共用技术，在空间域上采用频率复用技术。

5.1.3 移动通信系统的组成

移动通信系统通常由移动台（MS）、基地站（BS）、移动业务交换中心（MSC）以及与市话网相连的中继线等组成，如图5.3所示。

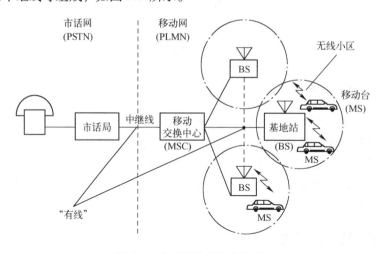

图5.3 移动通信系统的组成

基地站通常简称为基站，主要由基站控制器、收/发信机、天馈线等设备组成，它的主要作用是为移动台提供一个双向的无线链路。每个基站都有一个可靠的通信服务范围，称为无线小区。无线小区覆盖范围的大小，主要由基站天线的有效高度和基站发射机的发射功率决定。

移动台是移动通信系统中人所使用的终端设备，不同的移动通信系统应配置不同的移动台。

移动业务交换中心是移动通信系统的核心，主要用来处理交换和对整个系统进行集中控制管理。通过基站、移动业务交换中心就可以实现在整个服务区内任意两个移动用户之间的通信；若通过中继线与市话局连接，即可实现移动用户与市话用户之间的通信，从而构成一个有线、无线相结合的通信网络。

5.1.4　大区制和小区制

根据服务区覆盖区域的大小和基站配置的不同可将移动通信网划分为大区制和小区制。

1. 大区制

大区制是指在一个较大的服务区（如一个城市）内只设置一个基站，并由它负责整个区域移动通信的联络与控制，如图 5.4 所示。

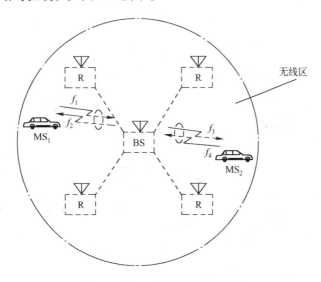

图 5.4　大区制移动通信示意图

在大区制体制中，为了扩大服务区域的覆盖范围，通常基站天线架设得很高，发射机的发射功率也较大，一般为 50～200W，这样可使覆盖半径达到 30～50km。

在这种方式中，因基站的天线高、输出功率大，移动台在整个服务区内移动时，均可收到基站发来的信号，而移动台天线较低，发射功率较小，当移动台远离基站时，基站就收不到移动台发来的信号。为了解决反向链路信号传输的问题，可以在适当的地点设置分集接收站（R），以保证双向通信质量。

大区制的主要优点是组网简单、投资少、见效快。但为了避免相互之间的干扰，服务区内的所有频率均不能重复使用，因而这种体制的频率利用率低，系统容量小。大区制适用于用户数量较少或业务量较小的专用移动通信系统。

2. 小区制

小区制是指将一个较大的服务区划分成若干个无线小区，每个小区分别设置一个基站，由它负责本小区内移动通信的联络与控制。同时，在移动业务交换中心（MSC）的统一控制下，实现小区之间移动用户通信的转接，以及移动用户与市话用户之间的通信。

如图 5.5 所示，每个小区分别设一个小功率基地站（BS_1～BS_5），发射功率一般为 5～10W，覆盖半径为 5～10km。这样相隔一定距离的两个小区，如 2 区和 4 区、1 区和 3 区就可以使用相同的频率进行通信而不会产生过大的干扰。在一个较大的服务区内，同一个频率相隔一定的距离后可以多次重复使用，称为同频复用。采用同频复用技术，使得单位面积可供使用的信道数增加，从而提高了频率利用率，增大了系统容量。

采用这种结构，移动用户在通话过程中，从一个无线小区进入另一个小区时，需要切换工作信道，而且小区越小，移动通话中需要切换的次数就越多，对控制交换技术的要求也就越高。同时，由于增加了基站的数目，建网的成本和复杂性也有所提高。另外，采用同频复用技术，为提高频率复用系数，同频无线小区之间的距离不会设置过大，这就使得同频无线小区之间还是存在一定程度的同频干扰。小区制适用于用户数量较大的公用移动通信系统。

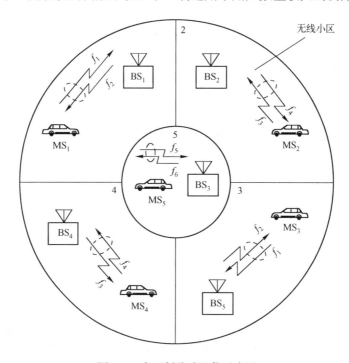

图5.5 小区制移动通信示意图

根据服务对象、地形的分布及干扰等因素，可以将小区制移动通信网划分为带状服务区和面状服务区。

带状服务区是指用户的分布呈带状，如铁路、公路、狭长城市、沿海水域等，小区按纵向排列覆盖整个服务区，如图5.6所示。当服务区较狭窄时，可采用定向天线。为了避免同频干扰，相邻接的小区不能使用同一信道组工作。带状服务区通常采用双群或多群的频率配置方式。

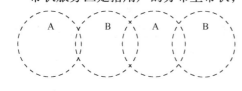

图5.6 带状服务区

面状服务区是指服务区内用户的分布呈一宽广的平面，其服务区内小区的划分，取决于电波传播条件和天线的方向性。为研究方便，假定整个服务区的地形、地物相同，且基站采用全向天线，则其覆盖区大体上是一个圆，即无线小区是圆形的。又考虑到要不留空隙地覆盖整个服务区，这样实际有效覆盖区域应是圆内接正多边形。这些正多边形可以是正三角形、正方形或正六边形，如图5.7所示。

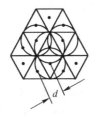 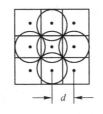 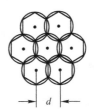

图 5.7 面状服务区

假设无线小区半径是相同的，且覆盖同样面积的服务区，则这三种形式的服务区，可以从下列五方面加以比较：

① 相邻小区的中心间距；

② 单位小区面积；

③ 交叠区宽度；

④ 交叠区面积；

⑤ 所需最少频率个数。

从表 5.1 可知，正六边形小区的中心间距最大，各基地站之间的干扰最小；正六边形单位小区的面积最大，覆盖同样面积的服务区所需小区个数最少，即基站数最少；正六边小区交叠区的宽度最小，便于实现通信设备的跟踪服务；正六边形小区交叠区的面积最小，同频干扰最小；正六边形小区所需频率个数最少，频率利用率最高。因此，面状服务区的最佳组成形式是正六边形小区，由于其形状酷似蜂窝，故称蜂窝网。

表 5.1　不同小区参数的比较

	正 三 角 形	正 方 形	正 六 边 形
相邻小区的中心间距 d	r	$\sqrt{2}\,r$	$\sqrt{3}\,r$
单位小区面积	$1.3r^2$	$2r^2$	$2.6r^2$
交叠区宽度	r	$0.59r$	$0.27r$
交叠区面积	$1.84\pi r^2$	$1.14\pi r^2$	$0.54\pi r^2$
所需最少频率个数	6	4	3

5.2　2G 移动通信系统

第二代移动通信系统简称 2G，是以语音通信为主、数据通信为辅而设计的数字蜂窝移动通信系统。其中，GSM 和 CDMA 是应用最广泛的 2G 移动通信系统。

5.2.1　GSM 系统

GSM（Global System for Mobile Communication）即全球通系统，是由欧洲主要电信运营商和制造商组成的标准化委员会设计出来的基于 TDMA/FDMA 技术的数字蜂窝移动通信系统，是第 2 代移动通信系统的典型代表。

GSM 系统属于小区制大容量公用移动电话系统，它具有用户容量大、网络覆盖面广、业务种类多、技术先进成熟、手机接续速度快、通话质量好、安全保密性强、抗干扰能力强、可实现国际自动漫游等诸多优点。

1. GSM 系统结构

GSM 系统主要由移动台（MS）、基站子系统（BSS）、移动网子系统（NSS）和操作支持子系统（OSS）四部分组成，如图 5.8 所示。BSS 为 MS 和 NSS 之间提供和管理传输通路，特别是 MS 和 GSM 系统的功能实体之间的无线接口管理。NSS 是整个 GSM 系统的控制和交换中心，它负责所有与移动用户有关的呼叫接续处理、移动性管理、用户设备及保密管理等功能，并提供 GSM 系统与其他网络之间的连接。MS、BSS 和 NSS 组成 GSM 系统的实体部分，OSS 负责全网的通信质量及运行的检验和管理。

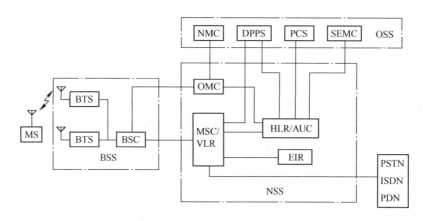

图 5.8　GSM 系统组成框图

（1）移动台（MS）

移动台是 GSM 系统中用户使用的终端设备，也是用户能够直接接触到的整个 GSM 系统中的唯一设备，它可以是车载台、便携台和手持台。

移动台由终端设备（TE）和用户识别卡（SIM）组成，这种模式称为机卡分离。移动用户和移动台二者是完全独立的，任何移动用户只要拥有自己的 SIM 卡就可以使用不同的移动台。SIM 卡是一张符合 ISO 标准的智能卡，它包含所有与网络和用户有关的管理数据。使用 GSM 标准的移动台都需要插入 SIM 卡，只有当处理异常的紧急呼叫（如 119、120 等）时，才可以在不用 SIM 卡的情况下操作移动台。

（2）移动网子系统

移动网子系统主要完成 GSM 系统的交换功能和用于用户数据管理、移动性管理、安全性管理所需的数据库功能，它对 GSM 移动用户之间通信以及 GSM 移动用户与其他通信网用户之间通信起着管理作用。NSS 主要由移动业务交换中心（MSC）、原籍位置寄存器（HLR）、访问位置寄存器（VLR）、鉴权中心（AUC）、设备识别寄存器（EIR）和操作维护中心（OMC）六种功能实体构成。

移动业务交换中心（MSC）是移动网的核心部分，主要完成对位于其覆盖区内移动台的控制和话路交换功能，同时还是 GSM 系统与其他公用通信网之间的接口。它面向以下功能实体：BSS、HLR、AUC、EIR、OMC、PSTN、ISDN，从而把移动用户与固定网用户、移动用户与移动用户之间互相连接起来。它负责建立呼叫、路由选择、控制和终止呼叫，负责管理交换区内部的切换和补充业务并且负责搜集计费和账单信息，协调 GSM 系统与固定网之间的业务等。MSC 处理用户呼叫所需要的数据取自 HLR、VLR 和 AUC 三个数据库，并且将根据用户当前位置和状态信息更新数据库。另外，为建立固定网用户与 GSM 移动用户之间的呼叫路由，每个 MSC 还应能完成入口移动业务交换中心（GMSC）的功能，即查询位置信息的功能，GMSC 可通过询问某 MS 所登记的 HLR，该 HLR 将以当前被访 MSC（VM-SC）区的地址作为回答，这样 GMSC 再次为该呼叫选择正确的 MSC 路由。

原籍位置寄存器（HLR）是 GSM 系统的中央数据库，主要用来存储本地用户的相关信息。在蜂窝通信网中，通常设置若干个 HLR，典型的 HLR 是一台独立的计算机，它没有交换能力，但能管理成千上万的用户。每个用户都必须在某个 HLR 中登记，登记的内容分为两类：一类是永久性的参数，如移动用户 ISDN 号码（MSISDN）、移动用户识别码（IMSI）、接入的优先等级、预定的业务类型以及保密参数等；另一类是暂时性的、需要随时更新的参数，即用户当前所处位置的有关参数，即使用户漫游到其他服务区域，HLR 也要登记由漫游地传送来的位置信息。其目的是保证当呼叫任一个不知处于哪一个地区的移动用户时，均可由该移动用户的 HLR 获知它当时处于哪一个地区，进而建立通信链路。

访问位置寄存器（VLR）可以看成是一个动态数据库，主要用来存储来访用户的相关信息。当移动用户漫游到新的 MSC 控制区时，它必须向该地区的 VLR 申请登记。VLR 要从该用户的 HLR 中查询其有关的参数，然后给该用户分配一个新的漫游号码（MSRN），并通知其 HLR 修改该用户的位置数据，准备为其他用户呼叫此移动用户时提供路由信息。另外，如果一个移动用户从一个 VLR 服务区移动到另一个 VLR 服务区时，HLR 在修改该用户的位置信息后，还要通知原来的 VLR 删除此移动用户的位置信息。一个 VLR 通常为一个 MSC 控制区服务，也可以为几个相邻 MSC 控制区服务。通常，VLR 与 MSC 合置于一个物理实体中。

鉴权中心（AUC）用于存储鉴权信息和加密密钥，防止未授权用户接入系统，并对无线接口上的语音、数据、信令信息进行加密保护，以保证移动用户通过无线接口通信的安全。通常，AUC 与 HLR 合置于一个物理实体中。

设备识别寄存器（EIR）用于存储移动设备的国际移动设备识别码（IMEI），通过核查白色、黑色和灰色三种清单，运营部门就可判断出移动设备是属于准许使用的，或是失窃而不准使用的，还是由于技术故障或误操作而危及网络正常运行的，以确保网络内所使用的移动设备的唯一性和安全性。

操作维护中心（OMC）负责对全网进行监控与操作。例如，系统的自检、报警与备用设备的激活，系统的故障诊断与处理，话务量的统计和计费数据的记录与传递，以及与网络参数有关的各种参数的收集、分析与显示等。

（3）基站子系统（BSS）

基站子系统（BSS）是 GSM 系统的基本组成部分。一方面，BSS 通过无线接口与移动台相连，进行无线发送、接收和无线资源管理；另一方面，BSS 还要通过中继链路与 NSS 中的 MSC 相连，实现移动用户之间或移动用户与固定网络用户之间的通信连接。

BSS 主要由基站收发信机（BTS）和基站控制器（BSC）这两个功能实体构成。通常，一个 MSC 监控一个或多个 BSC，每个 BSC 控制多个 BTS。BTS 和 BSC 可设在同一个位置，即 BTS 可以直接与 BSC 相连；或者，BTS 和 BSC 分开设置，即 BTS 可以通过基站接口设备（BIE）采用远端控制的连接方式与 BSC 相连接。

基站控制器（BSC）是一个高容量的交换机，是 BTS 和 MSC 之间的连接点，也为 MSC 和 BTS 之间交换信息提供接口。它的主要功能是进行无线信道管理、实施呼叫以及通信链路的建立和拆除，并为本控制区内移动台的越区切换进行控制。

基站收发信机（BTS）是 BSS 的无线部分，完全由 BSC 控制并服务于某个小区的无线收发信设备，用于完成 BSC 与无线信道间的转接，实现 BTS 与移动台间的无线传输及相关的控制功能。

（4）操作支持子系统（OSS）

操作支持子系统（OSS）主要包括网络管理中心（NMC）、安全性管理中心（SEMC）、用于用户识别卡管理的个人化中心（PCS）、用于集中计费管理的数据后处理系统（DPPS）等功能实体，以实现对移动用户管理、移动设备管理以及网络操作与维护。

2. GSM 网络接口

由于网络规模的不同、运营环境的不同和设备生产厂家的不同，为使各个厂家所生产的设备可以通用，在实际的通信网络中，各个功能实体之间的连接都必须严格符合规定的接口标准。GSM 系统遵循 CCITT 建议的公用陆地移动通信网（PLMN）接口标准，采用 7 号信令支持 PLMN 接口进行所需的数据传输。GSM 系统各部分之间的接口如图 5.9 所示。

（1）主要接口

GSM 系统的主要接口是指 A 接口、Abis 接口和 U_m 接口。这三种主要接口的定义和标准化可保证不同厂家生产的移动台、基站子系统和网络子系统设备能够纳入同一个 GSM 移动通信网运行和使用。

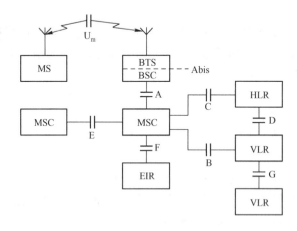

图 5.9　GSM 系统的网络接口

A 接口定义为 NSS 与 BSS 之间的通信接口。从系统的实体来看，就是 MSC 与 BSC 之间的互连接口，其物理连接是通过采用标准的 2.048Mbps PCM 数字传输链路来实现的。此接口传送的信息包括移动台管理、基站管理、移动性管理、呼叫接续管理等。

Abis 接口定义为基站子系统的 BSC 与 BTS 两个功能实体之间的通信接口，用于 BTS

（不与 BSC 放在一起）与 BSC 之间的远端互连方式，它是通过采用标准的 2.048 Mbps PCM 数字传输链路来实现的。此接口支持所有向用户提供的服务，并支持 BTS 无线设备的控制和无线频率的分配。

U_m接口（空中接口）定义为 MS 与 BTS 之间的无线通信接口，它是 GSM 系统中最重要、最复杂的接口。该接口用于移动台与 GSM 系统的固定部分之间的互通，接口传送的信息包括无线资源管理、移动性管理、接续管理等。

（2）网络子系统的内部接口

网络子系统的内部接口包括 B、C、D、E、F、G 接口。表 5.2 给出了各接口的定义、功能和实现。

表 5.2　网络子系统的内部接口

接口名称	定　　义	功　　能	实　　现
B 接口	MSC 与 VLR 之间的接口	MSC 向 VLR 询问有关 MS 当前位置信息或者通知 VLR 有关 MS 的位置更新信息等	
C 接口	MSC 与 HLR 之间的接口	传递路由信息和管理信息	标准的 2.048 Mbps PCM 数字传输链路
D 接口	HLR 与 VLR 之间的接口	交换移动台位置和用户管理的信息，以保证移动台在整个服务区内能建立和接受呼叫	标准的 2.048 Mbps PCM 数字传输链路
E 接口	相邻区域的不同 MSC 之间的接口	移动台从一个 MSC 控制区到另一个 MSC 控制区时交换有关信息，以完成越区切换	标准的 2.048 Mbps PCM 数字传输链路
F 接口	MSC 与 EIR 之间的接口	交换相关的管理信息	标准的 2.048 Mbps PCM 数字传输链路
G 接口	VLR 之间的接口	向分配 TMSI 的 VLR 询问此移动用户的 IMSI 的信息	标准的 2.048 Mbps PCM 数字传输链路

（3）GSM 系统与其他公用电信网之间的接口

GSM 系统通过 MSC 和其他公用电信网（如 PSTN、ISDN 等）互连，其物理链接方式是 MSC 与 PSTN 或 ISDN 交换机之间采用 2.048 Mbps PCM 数字传输链路来实现。

3. GSM 系统的主要参数

工作频段：890 ~ 915MHz（反向链路）、935 ~ 960MHz（前向链路）。

多址方式：TDMA/FDMA。

双工方式：FDD。

载频间隔：200kHz。

信道速率：270.833kb/s。

调制方式：GMSK。

分集方式：时间分集、空间分集、频率分集。

信道编码：分组编码、卷积编码。

语音编码：RPE – LTP。

数据速率：9.6kb/s、4.8kb/s、2.4kb/s、1.2kb/s。

5.2.2　CDMA 系统

CDMA（Code Division Multiple Access）是码分多址的英文缩写，它是在扩频通信技术的基础上发展起来的一种崭新而成熟的无线通信技术，它的出现源自于人类对更高质量无线通信的需求。第二次世界大战期间因战争的需要而研究开发的 CDMA 技术，其初衷是为了防止敌方对己方通信的干扰，在战争期间广泛应用于军事抗干扰通信，后来由美国的高通（Qualcomm）公司将其发展成为商用蜂窝移动通信技术。

1. CDMA 发展概况

1995 年，第一个 CDMA 商用系统运行之后，CDMA 技术理论上的诸多优势在实践中得到了检验，从而在北美、南美、亚洲等地得到了迅速推广和应用。全球许多国家和地区，包括韩国、日本、美国都已建有 CDMA 商用网络。

CDMA 技术的标准化经历了几个阶段。IS—95 是 CDMA ONE 系列标准中最先发布的标准，真正在全球得到广泛应用的第一个 CDMA 标准是 IS—95A，这一标准支持 8kbps 编码话音服务。其后又分别推出了支持 13kbps 话音编码的 TSB74 标准，支持 1.9GHz 频段的 CDMA PCS 系统的 STD—008 标准。1998 年 2 月，美国高通公司宣布将 IS—95B 标准用于 CDMA 基础平台上，该标准可增加移动通信设备的数据流量，提供对 64kbps 数据业务的支持。

CDMA 技术的标准化，推进了这项技术在世界范围的应用。目前，在美国、韩国、日本等国家，CDMA 技术已获得了较大规模的应用。在一些欧洲国家，一些运营商也建起了 CDMA 网络。我国 CDMA 技术的发展并不迟，也有长期军用研究的技术积累，1993 年国家 863 计划已开展了对 CDMA 蜂窝技术的研究。1994 年美国高通公司首先在天津建成了 CDMA 技术试验网。1998 年具有 14 万容量的长城 CDMA 商用试验网在北京、广州、上海、西安建成，并开始小部分商用。2000 年 2 月 16 日，中国联通以运营商的身份与美国高通公司签署了 CDMA 知识产权框架协议，为中国联通 CDMA 的建设扫清了道路。2000 年 10 月，中国联通启动 CDMA 网络建设。2001 年 12 月 22 日，联通新时空 CDMA 网络建成。2002 年 1 月 8 日，联通新时空 CDMA 开通放号。2003 年 1 月 28 日，上海联通率先开通 CDMA 2000 1X 网络，标志着中国联通的 CDMA 移动通信网络全面进入了 2.5G 时代。

2. CDMA 系统的基本原理

（1）扩频通信

CDMA 技术的基础是扩频通信，扩频通信是指信号所占有的频带宽度远大于所传信息必需的最小带宽的一种信息传输方式，在发送端进行扩频，在接收端进行解扩频。扩频是通过一个独立的码序列（扩频码）来完成的，与所传信息数据无关；解扩频采用与发送端完全相同的码序列进行相关检测，以恢复所传信息数据。

扩频通信技术可分为直接序列（DS）扩频、跳频（FH）扩频、跳时（TH）扩频和线性调频（Chrip）扩频，CDMA 系统通常采用直接序列扩频方式。

扩频通信的理论基础是香农信息公式，即

$$C = B \log_2 \left(1 + \frac{S}{N}\right)$$

由公式可知，在保持信息传输速率不变的条件下，可以用不同的频带宽度和信噪比来传输信息，即带宽和信噪比是可以互换的。也就是说，如果增加信号频带宽度，就可以在较低的信噪比条件下以任意小的差错概率来传输信息。甚至在有用信号被噪声湮没的情况下（$S/N < 1$），只要相应地增加信号带宽，也能进行可靠的通信。

扩频通信与常规的窄带通信方式相比有很多优点：易于重复使用频率，提高频谱利用率；抗干扰性强，误码率低；隐蔽性好，保密性强；抗多径干扰；对各种窄带通信系统的干扰很小；可以实现码分多址，适合数字语音和数据传输。正是基于这些优点，扩频技术在移动通信、卫星通信等领域得到了广泛的应用。

（2）CDMA 系统的基本原理

CDMA 系统采用了直接序列扩频（CDMA/DS）技术。在发送端，将所传信息数据与一个速率很高的伪随机序列进行模 2 加，然后对载波进行 PSK 调制。由于伪随机序列的速率比所传信息数据的速率大很多（通常在 2～3 个数量级以上），且伪随机序列与所传信息数据不相关，则可认为对所传信息数据进行了扩频处理，其频谱被展宽。已调信号在发射机中经过上变频、功率放大后发射出去。在接收端，用与发送端完全相同的伪随机序列和本振信号与接收信号进行混频和解扩，就得到窄带的仅受信息数据调制的中频信号，再经过中放、滤波后，送入 PSK 解调器进行解调，最终恢复所传信息数据。CDMA/DS 系统的原理框图如图 5.10（a）所示，图 5.10（b）为扩频信号的传输图解，图 5.11 为 CDMA/DS 系统频谱变换关系示意图。

（3）扩频码

CDMA 系统通常采用 3 种扩频码，即 PN 短码、PN 长码、正交 Walsh 码。

PN 短码的周期为 2^{15} 个码片，速率为 1.2288MHz。它是用于 QPSK 的同相与正交支路的直接序列扩频码。15 级移位寄存器的 m 序列周期为 $(2^{15} - 1)$，当插入一个全 "0" 状态后，形成的序列周期为 $2^{15} = 32768$ 码片。在 CDMA 中，该序列称为引导 PN 序列，其作用是给不同基站发出的信号赋予不同的特征。不同的基站使用相同的引导 PN 序列，但各自却采用不同的时间（相位）偏置。规定每个基站的 PN 码相位偏移只能是 64 的整数倍，不同的时间偏置用不同的偏置系数表示，因而有 512 个值可被不同的基站使用。

PN 长码的周期为 $(2^{42} - 1)$ 个码片，速率为 1.2288MHz。CDMA 系统利用该码对数据进行扩频和扰码，为通信提供保密。PN 长码的各个子码是用一个 42 位的掩码和序列产生器的 42 位状态矢量进行模 2 加产生的。只要改变掩码，产生的 PN 子码的相位就随之改变。在 CDMA IS—95 中，每个用户特定的掩码对应一个特定的 PN 码相位，每一个长码和相位偏移量就是一个确认的地址。PN 长码在前向信道用于信号的保密，在反向信道用于区分不同的移动台。采用 PN 长码有利于信号的保密，同时基站知道特定移动台的长码及其相位，因而不需要对它进行搜索、捕获。

Walsh 码是完备的正交码，CDMA 系统中采用 64 阶正交 Walsh 码。对于前向链路，64 个不同的 Walsh 码（$W_0 \sim W_{63}$）被用来构成 64 条码分信道；对于反向链路，Walsh 码被用来调制信息符号，即每 6 位输入的码字符号调制后变成输出一个 64 码片的 Walsh 序列。

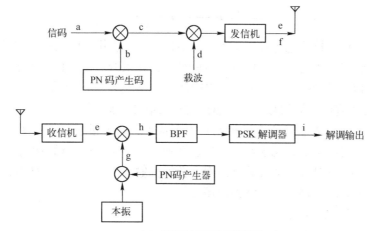

（a）CDMA/DS系统原理框图

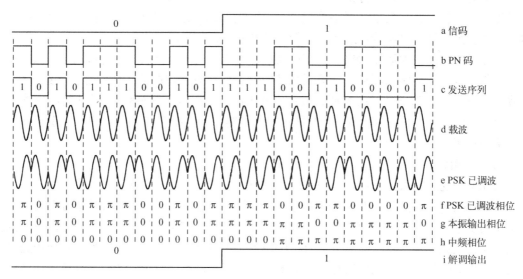

（b）扩频信号的传输图解

图 5.10　CDMA/DS 系统原理

3. CDMA 系统的主要参数

工作频段：824～849MHz（反向链路）、869～894MHz（前向链路）。

多址方式：CDMA/FDMA。

双工方式：FDD。

载频间隔：1.25MHz。

信道速率：1.2288Mcps。

调制方式：前向 QPSK，反向 π/4 – QPSK。

分集方式：时间分集、空间分集、频率分集。

信道编码：卷积编码。

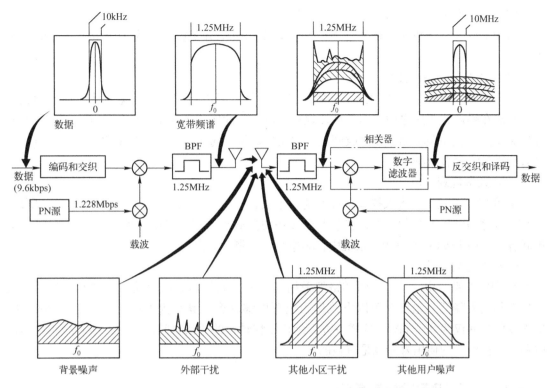

图 5.11　CDMA/DS 系统频谱变换关系示意图

语音编码：QCELP。

数据速率：9.6kbps、4.8kbps、2.4kbps、1.2kbps。

4. CDMA 系统的特点

（1）大容量

CDMA 系统容量的大小主要取决于使用编码的数量和系统中干扰的大小，任何使系统干扰降低的措施都有助于提高系统的容量。通常，CDMA 系统的容量大约是 FDMA 系统的 20 倍，是 TDMA 系统的 4~6 倍。

（2）软容量

CDMA 系统的信道是靠不同码型来划分的，其标准的信道数是以一定的输入、输出信噪比为条件的，当系统中增加一个用户时，只会使通话质量略有下降，但不会出现没有信道而不能通话的现象。也就是说，CDMA 系统的容量与用户数之间存在一种"软"关系，在业务高峰时段，可适当降低通话质量，以增加系统的可用信道数，从而增大系统的容量。而在 TDMA 系统中，允许同时接入的用户数是固定的，一旦没有空闲信道，则无法再接入任何一个用户。

（3）软切换

软切换是指当移动台需要切换时，先与新的基站连通，再与原基站切断联系，而不是先切断与原基站的联系再与新的基站连通。软切换可以有效地提高切换的可靠性，大大减少切换造成的掉话。据统计，TDMA 系统无线信道上的掉话约 90% 发生在切换中。

（4）抗多径衰落能力强

CDMA 系统综合利用了频率分集、时间分集和空间分集技术，大大降低了多径衰落的影响。

（5）抗干扰、保密性强

由于 CDMA 系统采用扩频技术，使得发射信号的频谱被扩展得很宽，从而使发射信号完全隐蔽在噪声、干扰之中，不易被发现和接收，因此实现了保密通信；另外，在接收端只有相关用户通过相关检测才能接收到相应的发送数据，对于非相关用户来说，所接收到的信号只能算是一种背景噪声。

（6）频率规划简单

采用 CDMA 技术，大大提高了频率复用系数，一个射频频率上就有大量的信道。所以，在 CDMA 系统中，只使用一个或少量几个频率便能满足要求，这使得系统的频率规划简单，扩展容易。而 FDMA 和 TDMA 系统中，频率规划问题非常复杂。

（7）发射功率低

在 CDMA 系统中，前、反向链路都采用了功率控制技术，从而使得基站和移动台的发射功率都大大降低。尤其对于以电池作为电源的移动台，其最大发射功率不超过 200mW，平均发射功率仅为几个 mW，这样一方面延长了移动台的通话时间，另一方面对减小电池的体积、延长电池的使用寿命也是有益的。

5.3 3G 移动通信系统

第三代移动通信系统简称 3G，是由 ITU 率先提出并负责组织研究的，采用宽带码分多址技术的新一代移动通信系统。3G 在最早提出时被命名为未来公众陆地移动通信系统（Future Public Land Mobile Telecommunication System，FPLMTS），后更名为 IMT – 2000（International Mobile Telecommunications 2000）。3G 支持不同的数据传输速率，在室内、室外和行车的环境中分别支持至少 2Mbps、384kbps 和 144kbps 的传输速率。

目前，移动通信已经进入 3G 时代，其主流技术标准包括 WCDMA、CDMA 2000 和 TD – SCDMA。这三种标准的共同特点是都采用了宽带 CDMA 技术，但在其他一些关键技术上仍存在较大的差别，性能上也有所不同，如表 5.3 所示。

表 5.3　三种主流技术标准的比较

规 范 参 数	WCDMA	CDMA 2000	TD – SCDMA
双工方式	FDD	FDD	TDD
载频间隔	5MHz	1.25MHz	1.6MHz
码片速率	3.84Mcps	1.2288 Mcps	1.28 Mcps
无线帧长	10ms	10ms/5ms	10ms（子帧 5ms）
语音编码	AMR	EVRC	AMR
信道编码	卷积编码、Turbo 编码	卷积编码、Turbo 编码	卷积编码、Turbo 编码
数据调制	QPSK（前向链路） HPSK（反向链路）	QPSK（前向链路） BPSK（反向链路）	QPSK 和 8PSK（支持 2Mbps 数据业务）
扩频方式	DS	DS/MC	DS

续表

规范参数	WCDMA	CDMA 2000	TD – SCDMA
功率控制	开环＋闭环功率控制 控制步长 1dB、2dB、3dB	开环＋闭环功率控制 控制步长 1dB、0.5/0.25dB	开环＋闭环功率控制 控制步长 1dB、2dB、3dB
功控速率	1500 次/秒	800 次/秒	200 次/秒
智能天线	无	无	有
基站间同步关系	同步或非同步	同步	同步
多址方式	CDMA/FDMA	CDMA/FDMA	SDMA/CDMA/TDMA/FDMA
支持的核心网	GSM – MAP	ANSI – 41	GSM – MAP
反向信道解调方式	相干解调	相干解调	相干解调

 ## 5.3.1　WCDMA 系统

WCDMA（Wideband Code Division Multiple Access）是由欧洲提出的宽带 CDMA 技术，它与日本提出的宽带 CDMA 技术基本相同，该标准提出了 GSM→GPRS→EDGE→WCDMA 的演进策略。

1．系统结构

WCDMA 系统是由核心网（CN）、通用陆地无线接入网（UTRAN）和用户终端设备（UE）组成的。CN 与 UTRAN 之间的接口称为 Iu 接口，UTRAN 与 UE 之间的接口称为 Uu 接口。

CN 主要由电路交换域（CS）和分组交换域（PS）两部分组成，它负责处理所有的语音呼叫和数据连接，并提供与外部网络的接口。为了保证业务的连续性和投资的节约化，WCDMA 核心网采取由 GSM 核心网逐步演进的思路，即由最初 GSM 电路交换的实体，然后加入 GPRS 分组交换的实体，再到最终演变为全 IP 的核心网。

UTRAN 是由基站控制器（RNC）和基站（NodeB）组成的。RNC 主要负责无线网络的控制和管理，其中包括连接的建立和断开、越区切换、宏分集合并、RRM 等；NodeB 负责完成扩频/解扩频、调制/解调、信道编/解码、基带信号和射频信号的转换等功能。由于 WCDMA 的无线接入方式完全不同于 GSM 的 TDMA 方式，因此 WCDMA 的无线接入网是全新的，需要重新进行无线网络规划和基站布置。另外，为了体现业务的连续性，WCDMA 的业务与 GSM 的业务是完全兼容的。

UE 包括移动设备（ME）和通用用户识别模块（USIM）两部分，是 WCDMA 网络中用户所使用的终端设备，其主要由基带处理单元、射频处理单元、协议栈模块和应用层软件模块组成。

WCDMA 系统在设计时应遵循以下原则：网络承载和业务应用相分离，承载和控制相分离，控制和用户平面相分离。这样设计使得整个网络结构清晰、各实体功能独立、便于模块化的实现。

2．技术特点

WCDMA 的物理层采用 DS – CDMA 多址技术，将用户数据和利用 CDMA 扩频码得到的伪随机序列（码片序列）相乘从而将用户信息扩展到较宽的频带上，并可以根据具体速率要求选择不同的扩频因子。

WCDMA 支持 FDD/TDD 两种双工模式，具有很高的频谱使用效率。其中 FDD 要求为上、下行链路成对分配频谱，而 TDD 可以使用不对称频谱供上、下行链路共享，因此从某种意义上说 TDD 可以节省频谱资源。

WCDMA 支持异步基站操作，通常网络侧对同步没有要求，因而易于完成对室内和密集小区的覆盖。

WCDMA 采用 10ms 帧长，码片速率为 3.84 Mcps。上、下行链路分别使用 5MHz 的载波带宽，实际的载波间距可根据干扰的不同在 4.4～5MHz 之间变化，变化步长为 200kHz。对于人口密集的地带可选用多个载波进行覆盖。其 10ms 帧长允许用户的数据速率可变，虽然在 10ms 内用户的比特率不变，但在 10ms 帧之间用户的数据容量可变。

WCDMA 在上、下行链路均采用导频相干检测，在基站端采用多用户检测技术，这些手段是提高系统覆盖和容量的较好方案。

WCDMA 允许不同 QoS 要求的业务进行复用。WCDMA 系统允许与 GSM 网络共存和协同工作，支持系统间的切换。

5.3.2　CDMA 2000 系统

CDMA 2000 是由窄带 CDMA（CDMA IS—95）技术发展而来的宽带 CDMA 技术，由美国主推，该标准最初提出了 CDMA IS—95→CDMA 2000 1x→CDMA 2000 3x 的演进策略，但后来真正采纳的是 CDMA IS—95→CDMA 2000 1x→CDMA 2000 1x EV－DO 的演进策略。

1. 系统结构

CDMA 2000 系统结构如图 5.12 所示。一个完整的 CDMA 2000 移动通信网由多个相对独

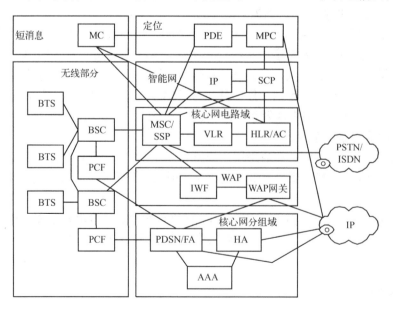

图 5.12　CDMA 2000 系统结构

立的部分构成，其中三个基础组成部分是无线部分、核心网的电路交换部分和核心网的分组交换部分。无线部分由基站控制器（BSC）、分组控制功能单元（PCF）和基站收发信机（BTS）构成，核心网的电路交换部分主要由移动业务交换中心（MSC）、原籍位置寄存器（HLR）、访问位置寄存器（VLR）、鉴权中心（AUC）构成，核心网的分组交换部分主要由分组数据服务点/外部代理（PDSN/FA）、认证服务器（AAA）和归属代理（HA）构成。

除了基础组成部分以外，系统还包括各种业务部分，如智能网部分，主要由业务交换点（SSP）、业务控制点（SCP）和智能终端（IP）构成；短信息部分，主要是短信息中心（MC）；位置业务部分，主要由移动位置中心（MPC）和定位实体（PDE）构成；另外，还有 WAP 等业务平台。

2．技术特点

CDMA 2000 前向链路支持多载波（MC）和直扩（DS）两种扩频方式，反向链路仅支持直扩方式，扩频速率为 1.2288Mcps（单载波），扩频码长度可根据无线环境和数据速率而变化。当采用多载波方式时，能支持多种射频带宽，即射频带宽可为 $N \times 1.25$ MHz（$N=1$、3、5、9、12），这样可以更加有效地使用无线资源。目前仅支持前两种，即 1.25 MHz 的 CDMA 2000（CDMA 2000 1x）和 3.75 MHz 的 CDMA 2000（CDMA 2000 3x）。CDMA 2000 3x 的优势在于能提供更高的数据速率，其缺点是占用带宽较宽。因此，在较长时间内运营商未必会考虑 CDMA 2000 3x，而会考虑 CDMA 2000 1x EV。

CDMA 20001x EV 标准除了基站信号处理部分及用户手持终端与原标准不同外，可与 CDMA 2000 1x 共享其他原有的系统资源。它采用高速率数据（HDR）技术，能在 1.25 MHz 带宽内，支持 2.4 Mbps 的前向链路数据速率和 153.6 kbps 的反向链路数据速率，比较适用于移动 IP 业务。

CDMA 2000 采用前向发射分集，快速前向功率控制，使用 Turbo 编码，辅助导频信道，帧长为 10/5ms，反向链路采用相干解调，可选择较长的交织器。

CDMA 2000 可实现 CDMA IS—95 向 CDMA 2000 系统平滑过渡，核心网络协议可使用 ANSI—41 以及 IP 骨干网标准。

5.3.3 TD–SCDMA 系统

TD–SCDMA 是由我国电信科学技术研究院（CATT）提出的 RTT 技术，它完全满足 ITU 对第三代移动通信系统的各项要求。其中 TD 表示该系统采用 TDD 模式，S 存在两种含义：首先，该系统是同步系统；其次，该系统采用智能天线技术（Smart Antenna）。TD–SCDMA 具备独立的组网能力，并且可以覆盖包含宏小区、微小区、微微小区在内的各种环境。该标准提出了 GSM→GPRS→TD–SCDMA 的演进策略。

1．系统结构

TD–SCDMA 系统结构如图 5.13 所示。TD–SCDMA 系统是由核心网（CN）、通用陆地无线接入网（UTRAN）和用户终端设备（UE）组成的，CN 与 UTRAN 之间的接口称为 Iu 接口，UTRAN 与 UE 之间的接口称为 Uu 接口。UTRAN 是由基站控制器（RNC）和基站（NodeB）组成的，RNC 和 NodeB 之间的接口称为 Iub 接口。

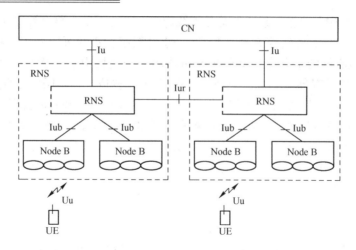

图 5.13　TD – SCDMA 系统结构

在建网初期，系统的 IP 业务通过 GPRS 网关支持节点（GGSN）接入 X. 25 分组交换网络，语音和 ISDN 业务仍使用原来 GSM 的移动交换机，待基于 IP 的 3G 核心网建成后，将过渡到完全的 TD – SCDMA 第三代移动通信系统。

2. 技术特点

TD – SCDMA 系统采用了 TDD、同步 CDMA、智能天线、联合检测、功率控制、接力切换、软件无线电等先进技术。

TD – SCDMA 采用 TDD 模式，上、下行链路使用同一频率，使得同一时刻上、下行链路的空间物理特性完全相同，从而可实现上、下行链路间的灵活切换。这种模式的优势在于通过改变上、下行时隙的转换点就可以实现对各种对称/非对称业务的支持。

TD – SCDMA 与联合检测相结合，在传输容量方面表现非凡。通过引进智能天线，容量还可以进一步提高。智能天线凭借其定向性降低了小区间频率复用所产生的干扰，并通过更高的频率复用率来提供更高的话务量。

 本章小结

通信是人类交流信息的重要手段，从古代最原始的光通信、声通信到现代的有线及无线电通信、计算机通信、光纤通信、卫星通信、移动通信，通信技术经历了无数次的变革，每一次变革都把人类的通信事业向前推进了一大步。移动通信，就是指通信的双方至少有一方是在移动（或暂时静止）中进行信息交换的。其中包括移动台（如在汽车、火车、飞机、船舰等移动体上）与固定台之间的通信，以及移动台与移动台之间的通信。

移动通信的发展历史可以追溯到 19 世纪末 20 世纪初，回顾移动通信一百多年的发展历史，大致经历了六个阶段。我国移动通信事业起步于军事移动通信，公用移动通信虽然起步较晚，但发展速度较快。纵观我国公用移动通信系统的发展历史，先后经历了第 1 代移动通信系统（1G），A 网、B 网；第 2 代移动通信系统（2G），G 网、D 网、C 网；第 3 代移动通信系统（3G），W 网、CD 网、TD 网。

在移动通信中，移动台总是处在移动状态下接收信号，这就要求移动通信必须采用无线电波作为传输介质，与传统的固定通信相比，移动通信有其自身的特点。

移动通信系统通常由移动台（MS）、基地站（BS）、移动业务交换中心（MSC）以及与市话网相连的中继线等组成。

根据服务区覆盖区域的大小和基站配置的不同可将移动通信网划分为大区制和小区制。大区制适用于用户数量较少或业务量较小的专用移动通信系统，小区制适用于用户数量较大的公用移动通信系统。

GSM（Global System for Mobile communication）即全球通系统，是由欧洲主要电信运营商和制造商组成的标准化委员会设计出来的基于 TDMA/FDMA 技术的数字蜂窝移动通信系统，是第 2 代移动通信系统的典型代表。

CDMA（Code Division Multiple Access）即码分多址，是在扩频通信技术的基础上发展起来的一种崭新而成熟的无线通信技术，它的出现源自于人类对更高质量无线通信的需求。第二次世界大战期间因战争的需要而研究开发的 CDMA 技术，其初衷是为了防止敌方对己方通信的干扰，在战争期间广泛应用于军事抗干扰通信，后来由美国的高通（Qualcomm）公司将其发展成为商用蜂窝移动通信技术。

第三代移动通信系统简称 3G，是由 ITU 率先提出并负责组织研究的，采用宽带码分多址技术的新一代移动通信系统。3G 在最早提出时被命名为未来公众陆地移动通信系统（Future Public Land Mobile Telecommunication System，FPLMTS），后更名为 IMT－2000（International Mobile Telecommunications 2000）。3G 支持不同的数据传输速率，在室内、室外和行车的环境中分别支持至少 2Mbps、384kbps 和 144kbps 的传输速率。目前，移动通信已经进入 3G 时代，其主流技术标准包括 WCDMA、CDMA 2000 和 TD－SCDMA。

思考题与习题

5.1　什么叫移动通信？移动通信有哪些特点？

5.2　移动通信系统通常由哪些部分组成，各有什么作用？

5.3　试分析大区制、小区制的组网方式及其特点。

5.4　什么叫同频复用技术？

5.5　GSM 系统与模拟蜂窝网比较有哪些优点？

5.6　GSM 系统采用了哪些多址方式？

5.7　简述 GSM 系统的结构组成。

5.8　扩频通信的理论基础是什么？

5.9　简述 CDMA/DS 的工作原理。

5.10　CDMA 系统的基本特征有哪些？

5.11　什么是 CDMA 系统的软容量？

5.12　3G 的主要特征有哪些？3G 的发展目标是什么？

5.13　3G 的主要标准有哪些？各有什么特点？

5.14　2G 到 3G 的演进策略有哪些？

第6章 三网融合

三网融合是指电信网、互联网和有线电视网三大网络通过技术改造，能够提供包括语音、数据、图像等综合多媒体的通信业务。三网融合实现后，人们可以用电视遥控器打电话，在手机上看电视剧，随需选择网络和终端，只要拉一条线、接入一张网，甚至可能完全通过无线接入的方式就能满足语音、电视、上网等各种应用需求。

6.1 三网融合技术概述

现阶段三网融合并不简单意味着电信网、计算机网和有线电视网三大网络的物理合一，而主要是指高层业务应用的融合。其表现为技术上趋向一致，网络层上可以实现互连互通，形成无缝覆盖，业务层上互相渗透和交叉，应用层上趋向使用统一的 IP，在经营上互相竞争、互相合作，朝着向人类提供多样化、多媒体化、个性化服务的同一目标逐渐交汇在一起，行业管制和政策方面也逐渐趋向统一。

对于通信网络而言，三网融合网络与下一代网络目标一致，在下一代网络中，核心思想是使控制与承载相分离，而承载采用统一的 IP 承载技术。三网融合网络为了实现高层业务的融合，希望在承载层全部采用 IP 承载，这样有利于上层的处理与控制，在现网中，从技术层面上看，三网融合对应的就是光接入网技术，即 PON 技术或者 FTTX。通信网络的层次结构如图 6.1 所示。

PON 技术就是无源光网络技术，它又分为 EPON 和 GPON 两种主流技术，由于 EPON 实现起来较 GPON 更容易，且是面向大众的一种相对廉价一些的技术，故 EPON 是我国现在主推的技术。三网融合网络示意图如图 6.2 所示。

业务层
控制层
承载层
接入层
用户层

图 6.1 通信网络层次结构图

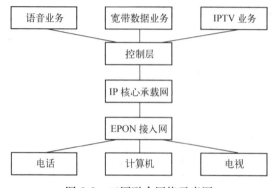

图 6.2 三网融合网络示意图

在图6.2中，EPON接入网完成了各种不同的应用的分流的作用，也实现了各种应用的数据格式转换。EPON的结构示意图如图6.3所示。

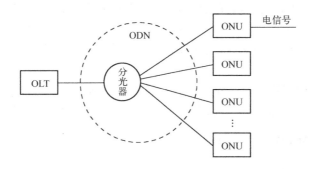

图6.3 EPON结构示意图

PON是一种应用于接入网，局端设备（OLT）与多个用户端设备（ONU/ONT）之间通过无源的光缆、光分/合路器等组成的光分配网（ODN）连接的网络。在OLT（光线路终端）和ONU（光网络单元）之间的ODN（光分配网络）是没有任何有源电子设备的光接入网。

OLT上连IP核心承载网，ONU下连用户。图6.3中虚线圆中是光分配网，此圆中均为光信号。分光器是一种无源光元器件，即不需要电源供给。

6.2 三网融合解决方案

三网融合针对的就是FTTX技术。根据ONU（光网络单元）所在的位置，EPON分为光纤到路边（FTTC）、光纤到大楼（FTTB）与光纤到家（FTTH）等。FTTH是光纤接入网发展的最终目标，但由于接入网的建设与很多因素有关，所以不可能一步到位，故有一个过渡的过程。现在FTTB是应用最为广泛的一种接入形式。下面就FTTB的两种解决方案进行一个简单的介绍。

1. FTTB（xPON＋LAN）应用模式

主要应用于新建小区场合，该种模式满足高带宽业务接入要求，节省纤芯和上行数据端口资源，建网成本较FTTH模式低。末端采用五类网线，铜线接入距离在100米以内，一般ONU设备放在楼内。

此应用模式关键点在于ONU出来接网线，即RJ45口。

组网分析：

① OLT集中放置在CO机房；

② ODN组网一般采用一级分光方式、集中设置并尽量靠近用户。

用户带宽分析：

① 对于中低速率用户（16Mbps以下的下行速率），每EPON口建议支持256个用户数；

② 对于高速率用户（20Mbps以上的下行速率），每EPON口建议支持128个用户数。

网络拓扑建议：

① MTU 设备尽量靠近用户，考虑到五类线的距离限制，中小容量，铜缆长度不超过 100 米，建议在楼道或者低压井内进行建设；

② 内置 IAD 时，可只用一根五类线入户，8 芯中其中 4 芯用来传数据，其余芯可以用于承载电话；

③ 考虑到用户带宽、MDU 容量、ONU 分布情况，建议每个 PON 口携带 MTU 不超过 16 个；

④ 当 ODN 网沿道路铺设时，利用现有管线，在个别情况下可能会采用链型组网形式，为了减少工程配置的复杂性，建议使用统一规划的相同规格的非等分 Splitter 。

2. FTTB（xPON＋DSL）应用模式

主要应用以下两种场合：

① 老城区改造，"光进铜不退"，保留铜缆，宽带下移，解决宽带提速问题，语音提供方式不变。

② 新建区域："光进铜退"，接入节点下移到楼内或者小区，家庭网关 HGW 提供基于 VoIP 的语音，无须再铺设主干电缆，此种情况适用于"我的 E 家"覆盖地区。

此应用模式关键点在于 ONU 出来接电话线，即 RJ11 口。

组网分析：

① OLT 集中放置在 CO 机房；

② ODN 组网一般采用一级分光方式、集中设置并尽量靠近用户；

用户带宽分析：

① 对于中低速率用户（16Mbps 以下的下行速率），每 EPON 口建议支持 256 个用户数，采用 ADSL2＋方式；

② 对于高速率用户（20Mbps 以上的下行速率），每 EPON 口建议支持 128 个用户数，采用 VDSL2 方式。

网络拓扑建议：

① MDU 设备尽量靠近用户，并结合已建的铜缆分配点的位置及供电情况，MDU 容量较为灵活，建议在楼道或者低压井内进行建设，铜缆长度为 100 米到数百米；

② 考虑到用户带宽、ONU 容量、ONU 拓扑分布等情况，建议每个 PON 口携带 MDU 不超过 8 个；

③ 当 ODN 网沿道路铺设时，利用现有管线，在个别情况下可能会采用链型组网形式，为了减少工程配置的复杂性，建议使用统一规划的相同规格的非等分 Splitter 。

本章小结

三网融合是指电信网、互联网和有线电视网三大网络通过技术改造，能够提供包括语音、数据、图像等综合多媒体的通信业务。

在现网中，从技术层面上看，三网融合对应的就是光接入网技术，即 PON 技术，或者说 FTTX。

PON 是一种应用于接入网，局端设备（OLT）与多个用户端设备（ONU/ONT）之间通过无源的光缆、光分/合路器等组成的光分配网（ODN）连接的网络。在 OLT（光线路终端）和 ONU（光网络单元）之间的 ODN（光分配网络）是没有任何有源电子设备的光接入网。

根据 ONU（光网络单元）所在的位置，EPON 分为光纤到路边（FTTC）、光纤到大楼（FTTB）、光纤到家（FTTH）等。

FTTB 有两种解决方案：一种是 xPON + LAN 模式，关键点在于 ONU 出来接网线；另一种是 xPON + DSL 模式，关键点在于 ONU 出来接电话线。

思考题与习题

6.1 简述三网融合的概念。

6.2 画出三网融合示意图。

6.3 画出 EPON 结构示意图。

6.4 说出 FTTB 的两种解决方案，并比较其应用场合。

参 考 文 献

[1] 韦恩·托马斯，文森特·F. 阿力松克斯. 远程通信［M］. 北京：电子工业出版社，1992.

[2] 王钧铭. 通信技术［M］. 天津：天津科学技术出版社，1998.

[3] 易波. 现代通信导论［M］. 长沙：国防科技大学出版社，1998.

[4] 袁松青，苏建乐. 数字通信原理［M］. 北京：人民邮电出版社，1996.

[5] 王国新. 远程光缆线路［M］. 北京：人民邮电出版社，1994.

[6] 高炜烈，张金菊. 光纤通信［M］. 北京：人民邮电出版社，1993.

[7] 卜爱琴. 光纤通信［M］. 北京：北京师范大学出版社，2009.

[8] 中讯邮电咨询设计院. 长途通信光缆线路工程设计规范［M］. 北京：北京邮电大学出版社，2006.

[9] 刘强，段景汉. 通信光缆线路工程与维护［M］. 西安：西安电子科技大学出版社，2003.

[10] 王庆. 光纤接入网规划设计手册［M］. 北京：人民邮电出版社，2009.

[11] 深圳华为技术有限公司. C&C08 数字程控交换系统［M］. 北京：人民邮电出版社，1997.

[12] 贾跃. 程控交换设备运行与维护［M］. 北京：科学出版社，2010.

[13] 中兴通讯 NC 教育管理中心. 现代程控交换技术原理与应用［M］. 北京：人民邮电出版社，2009.

[14] 桂海源，张碧玲. 软交换与 NGN［M］. 北京：人民邮电出版社，2011.

[15] 中国电信集团公司. EPON/GPON 技术问答［M］. 北京：人民邮电出版社，2010

[16] 李正吉. 交换技术与设备［M］. 北京：机械工业出版社，2005.

[17] 张曙光，李茂长. 电话通信网与交换技术［M］. 北京：国防工业出版社，2002.

[18] 郭梯云，邬国扬，张厥盛. 移动通信［M］. 西安：西安电子科技大学出版社，1998.

[19] 杨留清，张闽申，徐菊英. 数字移动通信系统［M］. 北京：人民邮电出版社，1998.

[20] 孙青卉. 移动通信技术［M］. 北京：机械工业出版社，2005.

[21] 袁贵民. 移动通信［M］. 北京：北京师范大学出版社，2007.

反侵权盗版声明

电子工业出版社依法对本作品享有专有出版权。任何未经权利人书面许可，复制、销售或通过信息网络传播本作品的行为；歪曲、篡改、剽窃本作品的行为，均违反《中华人民共和国著作权法》，其行为人应承担相应的民事责任和行政责任，构成犯罪的，将被依法追究刑事责任。

为了维护市场秩序，保护权利人的合法权益，我社将依法查处和打击侵权盗版的单位和个人。欢迎社会各界人士积极举报侵权盗版行为，本社将奖励举报有功人员，并保证举报人的信息不被泄露。

举报电话：（010）88254396；88258888

传　　真：（010）88254397

E-mail：dbqq@phei.com.cn

通信地址：北京市海淀区万寿路 173 信箱
　　　　　电子工业出版社总编办公室

邮　　编：100036